U0144955

Tkinter
入門

五南圖書出版公司 印行

李家同、侯冠維、周照庭 著

爲何要學Tkinter？

在過去，我們所寫的大多數程式只有一個輸入，將問題解決以後，輸出答案就大功告成了。現在不同了，我們常常要寫一個互動式的程式。

舉一個簡單的例子，假設我們要設計一個小算盤，如下圖所示：

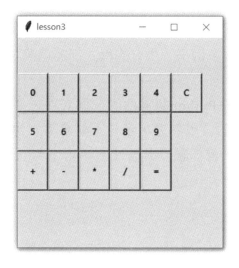

這個小算盤上有好多按鈕，使用者要能夠用滑鼠點擊這些按鈕，才能完成計算的工作。每一個按鈕都與一個程式有關，點擊一個按鈕，就會啓動這一個程式。

PREFACE

　　Tkinter可以讓我們使用一種指令來設計一個按鈕，這是非常有趣的。

　　要設計一個互動式程式，我們一定要在電腦的桌面上開一個視窗。Tkinter提供指令，使我們能夠開啓一個視窗，視窗的名字和大小也可以由我們利用指令來決定。

　　我們都有利用電腦購買火車票的經驗，購買火車票的程式當然是互動式的。Tkinter可以讓我們很容易地使用一個下拉式選單，這個選單的右邊有箭頭，往下或往上拉，可以讓使用者說明起站和終點站。

　　我們日常生活中所使用的軟體往往是互動式的，購物、向醫院掛號、在大學預定會議室、餐廳點餐系統、選課系統、圖書館借書系統等，都可以利用Tkinter來寫這類的程式。

　　學習Tkinter並不難，要會利用Tkinter，必須對Tkinter的指令和函式很熟悉。寫這本書的目的是要讓同學們知道如何利用Tkinter，書中舉了很多例子，所有的程式都經過測試的，我們也盡量解釋程式中的指令。

　　Tkinter是在Python語言內的一個套件，要使用Tkinter，當然先要對Python語言很熟悉，各位不妨參考《專門爲中學生寫的程式語言設計》一書（聯經出版）。

Tkinter和它的使用方法

　　Tkinter是一種用來設計互動式程式的套件，在Python中有支援。很多程式都需要和使用者互動，比方說你寫了一個程式，但是並非所有的人都可以使用你的程式，必須有帳號和密碼，你會想要有一個視窗讓使用者輸入帳號密碼，Tkinter可以讓你很方便的做到，如果不用這種互動式的套件，要做到這一點就很麻煩了。

　　Python的網址：https://www.python.org/downloads/

　　本書使用的Python版本是3.6.8。

　　寫Tkinter程式的步驟如下：

步驟1：將Python安裝完成後，打開Python，會看到Python程式的
　　　　主畫面：

```
Python 3.6.8 Shell                                        —    □    ×
File  Edit  Shell  Debug  Options  Window  Help
Python 3.6.8 (tags/v3.6.8:3c6b436a57, Dec 24 2018, 00:16:47) [MSC v.1916 64 bit
(AMD64)] on win32
Type "help", "copyright", "credits" or "license()" for more information.
>>>


                                                            Ln: 1  Col: 1
```

步驟2：選File裡面的New File，螢幕上會出現一個副畫面，程式
就寫在這個副畫面上。

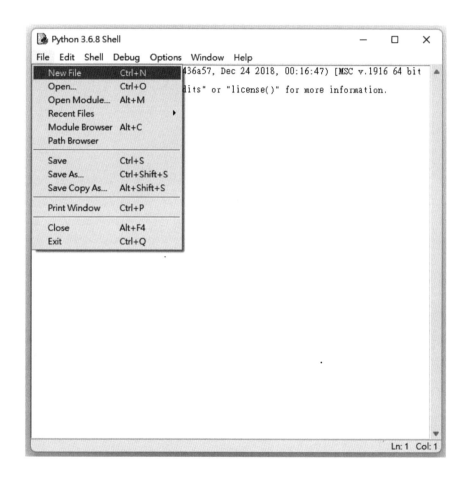

步驟3：現在可以在副畫面上直接打入程式，以下是一個例子：

步驟4：將寫好的程式存檔，選擇File中的Save。

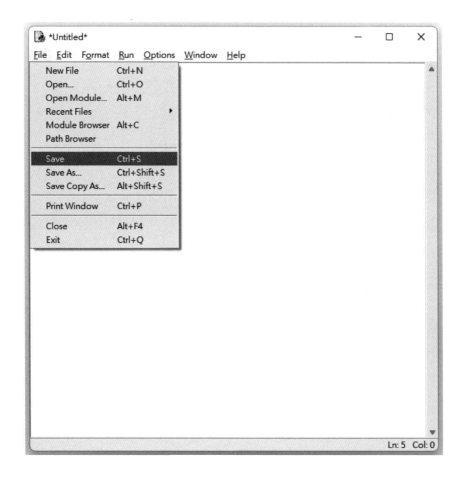

步驟5：打入檔案的名稱，例如名稱為example，選擇存檔。

步驟6：點選Run裡面的Run Module，或是直接按F5，就可以編譯
並執行此程式。

CHAPTER

步驟7：執行的結果會顯示在Python程式的主畫面上，以下是程式執行的結果：

　　這是一個很簡單的Tkinter程式，它創造了一個視窗，將來我們可以在視窗放入很多與使用者互動的東西。

目録

爲何要學Tkinter？ 1

Tkinter和它的使用方法 1

第一課　視窗的建立 1

第二課　標籤（Label） 5

第三課　按鈕（Button） 15

第四課　輸入框（Entry） 43

第五課　核取方塊（Checkbutton） 61

第六課　單選按鈕（Radiobutton） 75

第七課　下拉式選單（Combobox） 89

第八課　記事本（Notebook） 101

第九課　自訂值（Spinbox） 111

第十課　列表（Listbox） 119

第十一課　文字框（Text） 129

第十二課　檔案名稱（Ask File Name）⋯⋯⋯⋯⋯ 149

第十三課　選單欄（Menu）⋯⋯⋯⋯⋯⋯⋯⋯⋯⋯ 163

第十四課　訊息提示框（Messagebox）⋯⋯⋯⋯⋯ 177

第十五課　火車訂位（Train Ticket）⋯⋯⋯⋯⋯⋯ 187

第十六課　會議室預約（Meeting Room Booking）

⋯⋯⋯⋯⋯⋯⋯⋯⋯⋯⋯⋯⋯⋯⋯⋯⋯⋯⋯⋯ 193

Tkinter指令集 ⋯⋯⋯⋯⋯⋯⋯⋯⋯⋯⋯⋯⋯⋯⋯ 199

視窗的建立

　　我們可以使用Tkinter創建一個視窗，這個視窗將來可以放入很多不同的功能，可以和使用者進行互動，這一課我們先教如何建立一個最簡單的視窗。

例1-1　介紹視窗

表1-1　例1的程式

```
import tkinter as tk
window = tk.Tk()
window.title('lesson1')
window.geometry('200x100')
```

　　第一個指令是將Tkinter導入，並命名為tk。

　　此指令會將整個Tkinter函式庫導入供我們使用，為了方便使用，我們將它命名為一個較短的名字，稱為tk。以後在程式中只要寫tk，就代表了Tkinter。要特別注意的是，在Python程式中，大小寫是有差別的，不能搞錯。

　　下一個指令window = tk.Tk()解釋如下：

　　在Tkinter中包含許多與創建視窗有關的函式和變量，其中一個是Tk，它是用來建立初始的視窗用的，當我們執行window = tk.Tk()時，一個最簡單的視窗會被創造出來，如下圖所示。

圖1-1　一個視窗

　　如果我們發現，視窗的大小不是我們想要的，還有視窗左上角的標題目前是tk，也不是我們想要的。我們可以使用Tk所提供的函式來改變視窗的標題和大小。

　　Tk內部含有title和geometry這兩個函式，呼叫title可以設定視窗的標題，呼叫geometry可以設定視窗的大小。在表1-1程式的第三行指令將視窗的標題設定為lesson1，標題將顯示在視窗左上角。第四行指令將視窗的大小設定為寬200，以及高100。

　　如果執行window.title('lesson1')和window.geometry('200x100')，我們將獲得如下所示的視窗。

圖1-2　Geometry 200x100

　　我們可以將最後一個指令修改為window.geometry('200x200')，可以得到一個大小為200x200的視窗如下圖。

圖1-3　Geometry 200x200

LESSON

1

例1-2　大一點的視窗，title修改

表1-2　例1-2的程式

```
import tkinter as tk
window = tk.Tk()
window.title('This is a window')
window.geometry('300x550')
```

圖1-4　Geometry 300x550

標籤（Label）

建立一個視窗後，我們可以在視窗中放置文字或圖片。Tkinter中的Label可以使我們達到這個目的。

例2-1　一個內部有文字的標籤

表2-1　例2-1的程式

```
import tkinter as tk

window = tk.Tk()
window.title('lesson2')
window.geometry('200x100')

x = tk.Label(window, text='Hello', width=15, height=2)
x.pack()
```

LESSON

2

圖2-1　視窗內有Hello的標籤

如上圖所示，我們創造了一個有文字Hello的區域。 這是通過以下指令完成的：

x = tk.Label(window, text='Hello', width=15, height=2)

上面的指令說明標籤要被放在名為window的視窗裡面，加入的是文字Hello，這個標籤的寬度是15，高度是2，至於文字的大小與width和height無關。這個指令只是告訴Tkinter我們要創造的標籤的規格，但並不會真正將Hello放入視窗。

x.pack()這個指令會將標籤x真正放入視窗中。

例2-2　一個內部有圖像的標籤

表2-2　例2-2的程式

```
import tkinter as tk


window = tk.Tk()
window.title('lesson2')
```

```
window.geometry('300x200')

image = tk.PhotoImage(file='sun.png')

x = tk.Label(window, image=image, width=250, height=250)
x.pack()
```

　　在以上的程式中，tk.PhotoImage的作用是讀取一個圖片，file='sun.
png'代表要讀取的圖片的檔名叫做sun.png，這個圖檔一定要放在和程式
同樣的目錄底下。

圖2-2　　有圖的視窗

例2-3　四個標籤上下排列

表2-3　例2-3的程式

```python
import tkinter as tk

window = tk.Tk()
window.title('lesson2')
window.geometry('300x300')

label1 = tk.Label(window, text='+', width=15, height=2)
label1.pack()

label2 = tk.Label(window, text='-', width=15, height=2)
label2.pack()

label3 = tk.Label(window, text='*', width=15, height=2)
label3.pack()

label4 = tk.Label(window, text='/', width=15, height=2)
label4.pack()
```

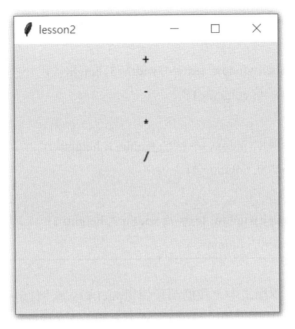

圖2-3 四個標籤

例2-4 四個標籤左右排列

表2-4 例2-4的程式

```
import tkinter as tk

window = tk.Tk()
window.title('lesson2')
window.geometry('300x300')

label1 = tk.Label(window, text='+', width=3, height=2)
```

```
label1.grid(row=0, column=0)

label2 = tk.Label(window, text='-', width=3, height=2)
label2.grid(row=0, column=1)

label3 = tk.Label(window, text='*', width=3, height=2)
label3.grid(row=0, column=2)

label4 = tk.Label(window, text='/', width=3, height=2)
label4.grid(row=0, column=3)
```

　　在之前幾個程式中，我們都是使用pack函式來將Label放入視窗裡面。以上的程式我們使用grid函式，而沒有用pack，這使得我們可以指定文字或圖片的位置。

　　Grid的功能是在window中創造很多小的區域，以以上的程式來講，每個區域的寬度是3，高度是2。

　　在以上的例子中，我們有四個Label，所有的Label都位於row 0，而四個Label分別位於column 0~3，這使他們左右排成了一直線。

圖2-4　並排的標籤

例2-5　在視窗中放置一個標籤，上面的文字為How are you?

表2-5　例2-5的程式

```
import tkinter as tk

window = tk.Tk()
window.title('lesson2')
window.geometry('300x300')

x = tk.Label(window, text='How are you?', width=40, height=40)
x.pack()
```

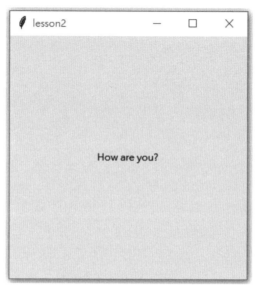

圖2-5　文字的標籤

因為這個標籤的寬度和高度都是40，所以這個標籤占據一個很大的面積，標籤內的文字How are you?放在標籤的中間，因此也就在視窗的中間。

例2-6　有行與列的標籤

在視窗內放置1～9總共9個數字，5在正中央，1在左下角，2在下方，3在右下角，4在左方，6在右方，7在左上角，8在上方，9在右上方，成為一個九宮格的形狀。

表2-6 例2-6的程式

```
import tkinter as tk

window = tk.Tk()
window.title('lesson2')
window.geometry('500x500')

label1 = tk.Label(window, text='7', width=3, height=3)
label1.grid(row=0, column=0)

label2 = tk.Label(window, text='8', width=3, height=3)
label2.grid(row=0, column=1)

label3 = tk.Label(window, text='9', width=3, height=3)
label3.grid(row=0, column=2)

label4 = tk.Label(window, text='4', width=3, height=3)
label4.grid(row=1, column=0)

label4 = tk.Label(window, text='5', width=3, height=3)
label4.grid(row=1, column=1)

label4 = tk.Label(window, text='6', width=3, height=3)
label4.grid(row=1, column=2)

label4 = tk.Label(window, text='1', width=3, height=3)
```

```
label4.grid(row=2, column=0)

label4 = tk.Label(window, text='2', width=3, height=3)
label4.grid(row=2, column=1)


label4 = tk.Label(window, text='3', width=3, height=3)
label4.grid(row=2, column=2)
```

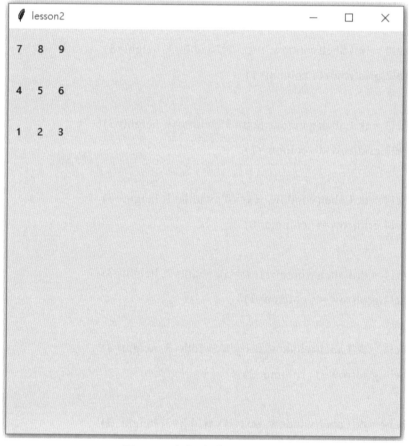

圖2-5　有行也有列的標籤

按鈕（Button）

在上一課中，我們介紹標籤的使用，使我們可以顯示文字和圖片。在本課中，我們將介紹一種非常有用的功能，稱爲「按鈕」。

我們可以在視窗中放置一個按鈕，按鈕裡面可以顯示我們想要的文字，也可以定義與此按鈕有關的函式。只要使用者用滑鼠按了這個按鈕，就會執行我們事先定義的函式。

例3-1　改變Label的內容

在此例中，我們創造一個含有文字Hello的標籤。然後我們定義一個按鈕，當使用者用滑鼠按了這個按鈕，標籤的內容就會從Hello更改爲Goodbye。

表3-1　例3-1的程式

```
import tkinter as tk


window = tk.Tk()
window.title('lesson3')
window.geometry('300x200')

```

```
string = tk.StringVar(window, value='Hello')

label = tk.Label(window, textvariable=string, width=10, height=3)
label.pack()

def hit_me():
    string.set('Good Bye')

button = tk.Button(window, text='Hit Me', width=10, height=3,
command=hit_me)
button.pack()
```

我們首先通過以下指令定義一個字串變數：

string = tk.StringVar(window, value='Hello')

這個字串的初始值是Hello，以後我們還可以更改它，因為它是一個變數。

下一步我們創造了一個標籤。

label = tk.Label(window, textvariable=string, width=10, height=3)
label.pack()

在此，我們讓標籤顯示的是我們剛才定義的字串變數string，它的初始值是Hello，但因為它是變數，它的內容將來可以被更改，而且一旦它被更改，標籤裡面所顯示的文字也會立即改變，這是Tkinter所提供的功能。

下一步我們創造一個按鈕。

```
button = tk.Button(window, text='Hit Me', width=10, height=3,
command=hit_me)
button.pack()
```

按鈕在視窗中佔有一個區域，按鈕上面可以顯示文字，如果你用滑鼠去點擊這個區域，就會執行我們事先定義好的函式。以上的指令說明這個按鈕的特性如下：

(1) 按鈕是被放在名為window的視窗中

(2) 按鈕上面顯示的文字是Hit Me

(3) 它的寬度是10，高度是3

(4) 與此按鈕有關的函式是hit_me

以下的指令定義了函式hit_me：

```
def hit_me():
    string.set('Good Bye')
```

這個函式所做的事情是將字串變數string的值設定為Good Bye。當使用者用滑鼠點擊按鈕時，就會執行hit_me這個函式，則字串Hello將變為Good Bye。

點擊按鈕前的視窗如下所示。

圖3-1　按鈕被點擊前的視窗

點擊按鈕後的視窗如下所示。

圖3-2 按鈕被點擊後的視窗

各位可以看出我們點擊按鈕以後，Hello已變成Goodbye了。

例3-2 將標籤內的數字加1

在這個例子中，我們有一個標籤，最初標籤內顯示的是數字0。我們還有一個按鈕，當我們每次點擊按鈕後，標籤中的數字會增加1。

表3-2 例3-2的程式

```
import tkinter as tk

window = tk.Tk()
window.title('lesson3')
window.geometry('300x200')


n = tk.IntVar(window, value=0)
```

```
label = tk.Label(window, textvariable=n, width=10, height=3)
label.pack()


def hit_me():
    n.set(n.get() + 1)


button = tk.Button(window, text='Hit Me', width=10, height=3,
command=hit_me)
button.pack()
```

　　以下的指令定義變數n是一個正整數變數，且它的初始值為0。由於它是一個變數，我們以後還可以更改它的值。

n = tk.IntVar（window, value=0）

　　以下的指令在視窗中創造一個標籤，這個標籤裡面所顯示的是n的值。由於n是一個變數，它的值將來可以被更改，而且一旦n被更改，標籤裡面顯示的值也會立即改變。

label = tk.Label(window, textvariable=n, width=10, height=3)
label.pack()

接下來我們創造了一個按鈕。

button = tk.Button(window, text='Hit Me', width=10, height=3,
command=hit_me)
button.pack()

與這個按鈕有關的函式仍稱為hit_me，它的定義如下：

```
def hit_me():
    n.set(n.get() + 1)
```

在這個函式中，n.get()獲取了n值。

n.set(n.get() + 1)將所獲取的n值加1，然後將它重新寫回n中。

在程式開始時，n值是0，如下圖所示。

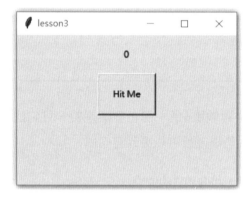

圖3-3　起始時的視窗

當我們第一次點擊按鈕後，視窗的內容如下圖所示。

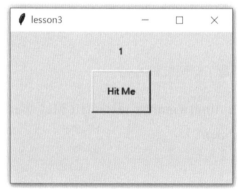

圖3-4　第一次觸碰按鈕後的視窗

當我們第二次點擊按鈕後，視窗的內容如下圖所示。

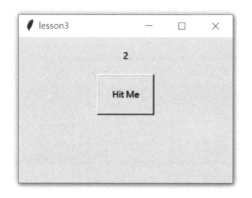

圖3-5　第二次觸碰按鈕後的視窗

當我們第三次點擊按鈕後，視窗的內容如下圖所示。

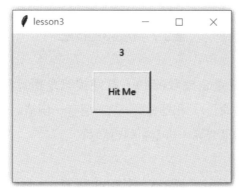

圖3-6　第三次觸碰按鈕後的視窗

例3-3　簡易的計算機

在這個例子中，我們將展示如何使用Tkinter實現一個簡單的計算機。使用者可以選擇兩個數字並執行加、減、乘、除。視窗中會顯示出使用者所選的數字、運算符號和運算結果。

我們先看視窗的樣子，其中有16個按鈕，如圖3-7所示。

圖3-7　例3-3的按鈕

其中十個按鈕是正整數0到9，五個按鈕是運算符號加（+）、減（-）、乘（*）、除（/）和等於（=）。還有一個清除按鈕（C），允許使用者將目前的結果清除，再重新執行計算。

表3-3　例3-3的程式

```
import tkinter as tk

window = tk.Tk()
window.title('lesson3')
```

```python
window.geometry('300x300')

x = 0
y = 0
op = ''

out = tk.StringVar(window, value='')

out_label = tk.Label(window, textvariable=out, width=18, height=3)
out_label.grid(row=0, column=0, columnspan=6)

def hit0():
    string = out.get()
    string = string + '0'
    out.set(string)

def hit1():
    string = out.get()
    string = string + '1'
    out.set(string)

def hit2():
    string = out.get()
    string = string + '2'
    out.set(string)
```

```python
def hit3():
    string = out.get()
    string = string + '3'
    out.set(string)

def hit4():
    string = out.get()
    string = string + '4'
    out.set(string)

def hit5():
    string = out.get()
    string = string + '5'
    out.set(string)

def hit6():
    string = out.get()
    string = string + '6'
    out.set(string)

def hit7():
    string = out.get()
    string = string + '7'
    out.set(string)

def hit8():
```

```
        string = out.get()
        string = string + '8'
        out.set(string)

def hit9():
        string = out.get()
        string = string + '9'
        out.set(string)

def hitplus():
        global x, op
        string = out.get()
        x = int(string)
        op = '+'
        string = string + '+'
        out.set(string)

def hitminus():
        global x, op
        string = out.get()
        x = int(string)
        op = '-'
        string = string + '-'
        out.set(string)

def hitmultiply():
```

LESSON

3

```
        global x, op
        string = out.get()
        x = int(string)
        op = '*'
        string = string + '*'
        out.set(string)


def hitdivide():
        global x, op
        string = out.get()
        x = int(string)
        op = '/'
        string = string + '/'
        out.set(string)


def hitequal():
        global x, y, op
        string = out.get()
        for i in range(len(string)):
            if string[i] == op:
                break
        y = int(string[i+1:])
        if op == '+':
            z = x + y
        elif op == '-':
            z = x - y
```

```
    elif op == '*':
        z = x * y
    elif op == '/':
        z = float(x) / float(y)
    out.set(str(z))

def hitclear():
    global x, y, op
    x = 0
    y = 0
    op = ''
    out.set('')


tk.Button(window, text='0', width=5, height=3, command=hit0).
grid(row=1, column=0)
tk.Button(window, text='1', width=5, height=3, command=hit1).
grid(row=1, column=1)
tk.Button(window, text='2', width=5, height=3, command=hit2).
grid(row=1, column=2)
tk.Button(window, text='3', width=5, height=3, command=hit3).
grid(row=1, column=3)
tk.Button(window, text='4', width=5, height=3, command=hit4).
grid(row=1, column=4)
tk.Button(window, text='5', width=5, height=3, command=hit5).
grid(row=2, column=0)
tk.Button(window, text='6', width=5, height=3, command=hit6).
grid(row=2, column=1)
```

LESSON

3

```
tk.Button(window, text='7', width=5, height=3, command=hit7).
grid(row=2, column=2)
tk.Button(window, text='8', width=5, height=3, command=hit8).
grid(row=2, column=3)
tk.Button(window, text='9', width=5, height=3, command=hit9).
grid(row=2, column=4)
tk.Button(window, text='+', width=5, height=3, command=hitplus).
grid(row=3, column=0)
tk.Button(window, text='-', width=5, height=3, command=hitminus).
grid(row=3, column=1)
tk.Button(window, text='*', width=5, height=3, command=hitmultiply).
grid(row=3, column=2)
tk.Button(window, text='/', width=5, height=3, command=hitdivide).
grid(row=3, column=3)
tk.Button(window, text='=', width=5, height=3, command=hitequal).
grid(row=3, column=4)
tk.Button(window, text='C', width=5, height=3, command=hitclear).
grid(row=1, column=5)
```

以下是使用者利用這個程式做簡單運算的例子。

步驟1：使用者點擊按鈕6，結果顯示6。

步驟2：使用者點擊按鈕+，結果顯示6+。

步驟3：使用者點擊按鈕8，結果顯示為6 + 8。

步驟4：使用者點擊按鈕 =。結果顯示14。

在程式中，我們定義了兩個變數分別是x和y，它們的起始值皆為0。

我們也定義了一個變數op用來儲存使用者按下的運算符號，也就是+、-、
* 或 /。還有一個變數out用來儲存目前的運算結果。

　　對於上述的例子來說，在各個步驟當中變數的更改如下：

　　在步驟2中，當使用者按下 + 時，x將被設置為6，op將被設置為 +。

　　在步驟4中，當使用者按下 = 時，y將被設置為8，out將被設置為x +
y的結果，也就是14。

　　首先在程式中我們看到以下指令：

x = 0
y = 0
op = ' '
out = tk.StringVar(window, value='')

　　這些指令是在進行x、y、op、out等變數的初始化，其中x和y將會用
來儲存要被計算的數字，op是儲存數學運算符號，out是儲存要出現在視
窗內的一個字串，也就是我們的運算結果。以上的變數都是之後可以被更
改的。

　　接下來我們創造一個將out字串顯示出來的標籤：

out_label = tk.Label(window, textvariable=out, width=18, height=3)
out_label.grid(row=0, column=0, columnspan=6)

　　我們可以看到標籤out_label所顯示的是字串變數out，此後只要out的
內容有被更改，標籤所顯示內容的都會隨之改變。

　　程式中我們也創造了十個帶有正整數的按鈕，以下是0和1按鈕的說
明：

tk.Button(window, text='0', width=5, height=3, command=hit0).
grid(row=1, column=0)

```
tk.Button(window, text='1', width=5, height=3, command=hit1).
grid(row=1, column=1)
```

從以上的按鈕定義中，我們可以看到以下內容：

(1) 每個按鈕在其表面上都有一個唯一的編號。例如，第一個按鈕表面為0，第二個按鈕表面為1。

(2) 每個按鈕都有自己所對應的函式。例如，第一個按鈕的函式為hit0，第二個按鈕的函式為hit1。

(3) 每個按鈕在視窗中都有自己的位置。例如，第一個按鈕位於（row= 1, column= 0），第二個按鈕位於（row= 1, column= 1）。

每個按鈕都有自己所對應的函式，以下顯示按鈕0和1的函式：

```
def hit0():
    string = out.get()
    string = string + '0'
    out.set(string)
```

```
def hit1():
    string = out.get()
    string = string + '1'
    out.set(string)
```

當使用者點擊按鈕1時，hit1會被執行，它將首先取得字串out目前的內容。

假如程式是在初始狀態，out是空的，所以取得的是一個空的字串。此時hit1會加入一個1到out中。

假如out裡面已經有其它數字或運算符號，假設是「5+」，hit1會將它變為「5+1」。換句話說，hiti函數僅將字串i增加到現有的out字串的最後。

　　與數學運算符號相關的按鈕有五個：我們顯示其中兩個按鈕的指令，如下所示：

tk.Button(window, text='+', width=5, height=3, command=hitplus).
grid(row=3, column=0)
tk.Button(window, text='-', width=5, height=3, command=hitminus).
grid(row=3, column=1)

讓我們看一下其中的函式hitplus，如下所示：

```
def hitplus():
    global x, op
    string = out.get()
    x = int(string)
    op = '+'
    string = string + '+'
    out.set(string)
```

　　當使用者輸入完第一個數字以後，字串out中應該已經存在數字，我們假設該數字為7。接下來使用者會點擊運算按鈕，假設點擊的是加號按鈕。此時hitplus將做以下的工作：

(1) 聲明x和op為全局變數。

(2) 取得字串out。該字串現在應該為7。

(3) 將x的值設為字串out中的數字。在此x將被設置為7。

(4) 將op設置為 +。

(5) 將字串out更改為7+。

　　其它運算符號按鈕的函式與hitplus都是類似的，只是會將op設置為不同的運算符號。

　　hitequal這個函式非常重要，當使用者輸入第二個數字以後，就應該按等號按鈕，當按下等號按鈕時，就會執行hitequal這個函式。假設我們現在要做x+y，其中x=7、y=5。

　　hitequal的定義如下：

```
def hitequal():
    global x, y, op
    string = out.get()
    for i in range(len(string)):
        if string[i] == op:
            break
    y = int(string[i+1:])
    if op == '+':
        z = x + y
    elif op == '-':
        z = x - y
    elif op == '*':
        z = x * y
    elif op == '/':
        z = float(x) / float(y)
    out.set(str(z))
```

　　hitequal的工作方式如下：

(1) 聲明x、y和op為全局變數。x現在應該等於7，而op為 +，因為使用者在之前已經點擊了加號按鈕。

(2) 取得字串out的內容。out現在應該是7 + 5。

(3) 通過以下指令將y設置為字串out中第二次輸入的數字。這個數字應該是5。

```
for i in range(len(string)):
    if string[i] == op:
        break
y = int(string[i+1:])
```

上述的指令首先透過for迴圈找出加號所在的位置，然後將加號以後的數字存入變數y之中。

(4) 根據op來執行相對應的加、減、乘、除動作。在此我們要做的是z = x + y = 7 + 5 = 12。

(5) 將字串out更改為12，即結果。

hitclear將所有變數，包含x、y、op、out都清除爲它們的初始值。

這個程式的初始畫面如下所示：

圖3-8　例3-3程式的初始畫面

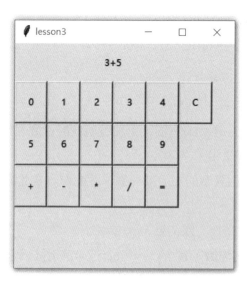

圖3-9　進行3+5運算的過程

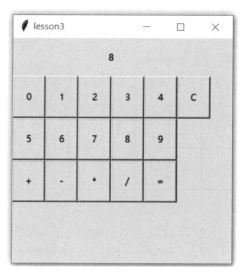

圖3-10　進行3+5運算的結果

圖3-11　進行7/3運算的過程

圖3-12　進行7/3運算的結果

以下是用這個程式計算4+9的完整描述：

(1) 使用者首先點擊數字按鈕4。此時將執行hit4函式，將使字串out變成4。

(2) 接下來，使用者將點擊運算符號 +。此時將執行hitplus函式。變數x將變爲4，op變爲 +，字串out變爲4+。

(3) 使用者點擊數字按鈕9。此時將執行hit9函式，將使字串out變爲4 + 9。

(4) 最後，使用者點擊 = 按鈕。此時將執行hitequal函式。變數y將變爲9並執行z = x + y = 4 + 9 = 13，並將z寫入字串out中，此時視窗上的運算結果將顯示13。

也許讀者還不完全了解程式，我們用一個流程圖來表示。

整個程式的流程，可以用以下流程圖來表示。

1. x = y = 0、out = op = 空字串

2. 使用者按某一個有關數字的按鈕，假設按了7。

3. 啓動有關7的函式：

　　將out後面加上7，因此out = 7。

4. 使用者按有關op的按鈕，假設是+。

5. 啓動有關+的函式：

　　取出out。

　　將x設爲out內的數字。因此x = 7。

　　Op = +。

　　將+放入out的最後，因此out = 7 + 。

6. 使用者再按一個數字，假設是9。

7. 啓動有關9的函式：

　　在out後面加上9，因此out = 7 + 9。

8. 使用者按 = 。

9. 啓動有關=的函式：

取出 out。

找到 op 在 out 中所在的位置。

令 y 等於 op 後面的數字。

根據 op 去執行有關的運算，在此是 z = x + y = 7 + 9 = 16。

令 out = z。

　　讀者應該知道，這一類的物件導向的程式，是不容易懂的，因為牽涉到了按鈕，使用者必須遵照一定次序來使用這個程式，但是程式本身並沒有說明這一點，所以軟體工程師一定要將使用的程序講清楚，當然也要講清楚每一次按鈕以後所發生的事件。

例3-4　建立26個英文字母及數字的按鈕列表

表3-4　例3-4的程式

```
import tkinter as tk

window = tk.Tk()

window.title('lesson3')
window.geometry('700x130')

var = tk.StringVar(window, "")

tk.Label(window, textvariable=var).grid(column=0, row=3,
columnspan=26, sticky="W")
```

```
def print_char(v):
    var.set(var.get()+v)

def clear():
    var.set("")

text_n=['0','1','2','3','4','5','6','7','8','9']
text_e=['A','B','C','D','E','F','G','H','I','J','K','L','M','N','O','P','Q','R','S','T','U','V','W','X','Y','Z']

x=0
for n in text_n:
    tk.Button(window,text=n, width=1, height=1, command=lambda w=n:
print_char(w)).grid(column=x, row=0)
    x+=1

x=0
for n in text_e:
    tk.Button(window, text=n, width=1,height=1,command=lambda w=n:
print_char(w)).grid(column=x, row=1)
    x+=1

tk.Button(window, text="Clear", command=clear).grid(column=0, row=2,
columnspan=26, sticky="W")
```

這個程式有兩排按鈕，上排是數字的按鈕，下排是英文字母的按鈕，使用者按下任何一個按鈕，就會將按鈕所顯示的文字或數字出現在最下面。

首先我們有以下的指令：

text_n=['0','1','2','3','4','5','6','7','8','9']

text_e=['A','B','C','D','E','F','G','H','I','J','K','L','M','N','O','P','Q','R','S','T','U','V','W','X','Y','Z']

這兩個指令使我們有一組數字和一組文字。我們要將數字顯示在第一排按鈕上，要將文字顯示在第二排按鈕上，由以下指令做到。

```
x=0
for n in text_n:
    tk.Button(window,text=n, width=1, height=1, command=lambda w=n: print_char(w)).grid(x=x, y=0)
    x+=1

x=0
for n in text_e:
    tk.Button(window, text=n, width=1,height=1,command=lambda w=n: print_char(w)).grid(x=x, y=1)
    x+=1
```

首先請注意，定義Button的指令是在loop之中，因此我們可以定義很多不同的Button。

我們先看第一段指令，裡面有一個特別的command=lambda w=n: print_char(w)。

我們先不管lambda是怎麼回事，以下會解釋。當我們按下某一個數字的按鈕時，Tkinter就會將這個按鈕上的數字印出來。

LESSON

3

　　Lambda是Python的一個特別的功能，可以建立一個很簡短的function，這個function要在一行內寫完。

　　以下我們先從幾個簡單的例子來解釋：

f = lambda x: x + 2

　　其中的x是function的input，x+2是function的output。

　　如果要用傳統的方法來定義這個function，就要寫成以下的形式：

```
def f(x):
    return x + 2
```

　　我們呼叫這個function的方法跟過去一樣，可以用以下的指令：

f(1)

f(2)

f(13)

　　第一行指令的計算結果是3，第二個結果是4，第三個結果是15。

　　我們再看有關文字的按鈕，它們的指令如下：

```
x=0
for n in text_e:
    tk.Button(window, text=n, width=1,height=1,command=lambda
w=n: print_char(w)).grid(x=x, y=1)
    x+=1
```

　　這裡面也有一個command=lambda w=n: print_char(w)，意思是說當使用者按下某一個文字的按鈕時，這個文字就會顯示出來。

　　接下來我們回過頭看這個lambda的指令：

command=lambda w=n: print_char(w)

command有一個input稱爲w，command的作用是print_char(w)。

圖3-13　第一個例子

圖3-14　第二個例子

輸入框（Entry）

使用各種資訊系統時，我們經常要輸入一些資料。例如，當我們要登錄軟體時，必須填寫我們的名稱和密碼以供軟體檢查。在Tkinter中，我們要填寫資料的區域稱為Entry。

例4-1　登錄

表4-1　例4-1的程式

```
import tkinter as tk

window = tk.Tk()
window.title('lesson4')
window.geometry('300x200')


name_label = tk.Label(window, text='Name')
name_label.pack()


name_entry = tk.Entry(window)
name_entry.pack()
```

```
password_label = tk.Label(window, text='Password')
password_label.pack()


password_entry = tk.Entry(window, show='*')
password_entry.pack()


def hitme():
    if name_entry.get() == 'rctlee' and password_entry.get() == 'abcd':
        result_variable.set('Login succeeded')
    else:
        result_variable.set('Login failed')


tk.Button(window, text='Login', command=hitme).pack()


result_variable = tk.StringVar()
result_label = tk.Label(window, textvariable=result_variable)
result_label.pack()
```

程式一開始的初始畫面如下圖所示：

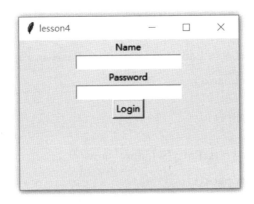

圖4-1 初始視窗

我們可以看到，在視窗中至少需要包含幾個不同的元件：

(1) 標籤Name

(2) 用來輸入名稱的輸入框

(3) 標籤Password

(4) 用來輸入密碼的輸入框

(5) 登錄按鈕

程式一開始，就有以下的指令：

name_label = tk.Label(window, text='Name')

name_label.pack()

以上的指令使Name一詞出現在視窗的最上方。

然後是以下的指令：

name_entry = tk.Entry(window)

name_entry.pack()

這個指令使得視窗內出現一個區域，這個區域的名字是name-entry，可供使用者輸入名稱。

以下兩個指令使Password出現在以上區域的下面。

```
password_label = tk.Label(window, text='Password')
password_label.pack()
```

然後是以下的指令：

```
password_entry = tk.Entry(window, show='*')
password_entry.pack()
```

這個指令使得視窗內在Password字的下面出現一個區域，這個區域的名字是password_entry，可供使用者輸入密碼。

用來輸入密碼的輸入框是特殊的，因爲其定義中包含了show='*'。由於使用者輸入的密碼是必須保密的，show='*'指令確保在密碼輸入框的空格上面僅出現*，而不會顯示出輸入的密碼。

程式中也有一個名爲result_variable的字串變數，以及一個名爲result_label的標籤，由以下指令定義：

```
result_variable = tk.StringVar()
result_label = tk.Label(window, textvariable=result_variable)
result_label.pack()
```

這個字串變數以及標籤是用來將登錄的結果顯示在視窗的最下方。

最後，程式中也需要有一個登錄按鈕，允許使用者在輸入完成之後點擊。其指令定義如下：

```
tk.Button(window, text='Login', command=hitme).pack()
```

與此按鈕關聯的hitme函式如下：

```
def hitme():
```

```
    if name_entry.get() == 'rctlee' and password_entry.get() == 'abcd':
        result_variable.set('Login succeeded')
    else:
        result_variable.set('Login failed')
```

　　如我們所見，hitme函式會透過name_entry.get()取得使用者輸入的名稱，也會透過password_entry.get()取得使用者輸入的密碼。

　　如果名稱為rctlee，密碼為abcd，則result_variable將被設置為「登錄成功」；否則將被設置為「登錄失敗」。

　　由於result_variable是一個變數，且被設置為標籤result_label內的文字，只要result_variable被更改，標籤上顯示的文字就會馬上更改。因此當使用者按下登錄按鈕後，視窗最下方將立即顯示「登錄成功」或「登錄失敗」。

　　以下我們將顯示一些程式執行的結果：

　　輸入正確的使用者名稱rctlee和密碼abcd。

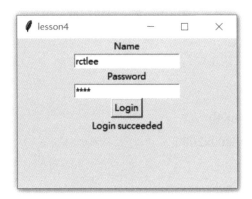

圖4-2　登錄成功

　　輸入錯誤的密碼1234。

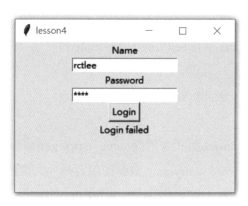

圖4-3　登錄失敗

例4-2　加密

在此例中，我們要實現一個可以對文字進行加密的程式，此程式在表4-2中。

表4-2　例4-2的程式

```
import tkinter as tk

window = tk.Tk()
window.title('lesson 4')
window.geometry('200x200')

def hitme():
    out = ''
    for c in input_entry.get():
```

LESSON

4

```python
        if c != ' ':
            if c == 'z':
                out += 'a'
            elif c == 'Z':
                out += 'A'
            else:
                out += chr(ord(c) + 1)
        else:
            out += c
    output2_variable.set(out)

input_label = tk.Label(window, text='Plaintext')
input_label.pack()

input_entry = tk.Entry(window)
input_entry.pack()

b = tk.Button(window, text='Encrypt', command=hitme)
b.pack()

output1_label = tk.Label(window, text='Ciphertext')
output1_label.pack()

output2_variable = tk.StringVar()
output2_entry = tk.Entry(window, textvariable=output2_variable)
output2_entry.pack()
```

下圖是這個程式的初始畫面：

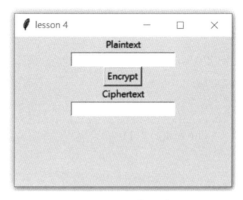

圖4-4　初始視窗

　　從上圖中我們可以看到，這個程式中至少需要以下幾個元件：

(1) 標籤Plaintext

(2) 輸入框

(3) 按鈕Encrypt

(4) 標籤Ciphertext

(5) 輸入框

　　第一個輸入框的目的是讓使用者可以輸入明文（plaintext），所謂的明文，就是尚未經過加密的文字。而第二個輸入框的目的並非讓使用者輸入，而是要讓程式可以將密文（ciphertext）顯示在此，當然我們也可以用一個標籤來顯示就好，但在此我們用輸入框來做。由此大家可以了解，所謂的輸入框，它不只是一個「入口」，也可以用作「出口」。

　　我們輸入明文的入口稱為input_entry，由以下兩個指令定義：

```
input_label = tk.Label(window, text='Plaintext')
input_label.pack()
```

```
input_entry = tk.Entry（window）
input_entry.pack()
```

如上所示，在該輸入框的上方，將會有一個標籤顯示Plaintext。

加密後的字串將會被儲存在以下字串變數output_variable中，由以下指令定義：

```
output_variable = tk.StringVar()
```

顯示加密後的文字由以下的指令處理：

```
output_label = tk.Label(window, text='Ciphertext')
output_label.pack()
```

```
output_variable = tk.StringVar()
output_entry = tk.Entry(window, textvariable=output_variable)
output_entry.pack()
```

我們點擊的按鈕由以下指令定義：

```
tk.Button(window, text='Encrypt', command=hitme).pack()
```

當使用者將明文輸入在第一個輸入框以後，就可以按下加密按鈕Encrypt。此時執行hitme函式，定義如下：

```
def hitme():
    out = ''
    for c in input_entry.get():
        if c != ' ':
            if c == 'z':
                out += 'a'
```

```
        elif c == 'Z':
          out += 'A'
        else:
          out += chr(ord(c) + 1)
      else:
        out += c
    output_variable.set(out)
```

　　hitme函式會從input_entry中取得明文並執行加密。我們的加密機制非常簡單。它只是將字母移動一個位置。即，a將變爲b， p將變爲q， v將變爲w。極端情況是z， z將變爲a。

　　hitme會將加密的結果暫時存放在一個稱爲out的字串變數中。以下指令說明此字串的初始值是空的：

```
out=''
```

　　然後，該函式從input_entry獲取字串，並將每個字母更改爲另一個字母。在此我們要特別注意，在電腦系統中，每一個英文字母都與一個數字相關聯。例如，a與97關聯，而d與100關聯。我們可以通過函式ord將任何一個字母轉成關聯的數字，例如ord('a')= 97和ord('d')= 100。

　　反過來當然也可以，我們可以通過函式chr將數字轉成關聯的字母，例如，chr(98)= 'b'和chr(101)= 'e'。

　　使用chr和ord函數，我們可以更改任何字母。例如，chr(ord('e')+1)= 'f'和chr(ord('v')+1)= 'w'。在hitme函數中我們用這個方法來進行加密。

　　一開始，字串變數out是空的，hitme函式每處理完一個字母，就可以將它放入out中。在Python中，我們可以使用以下指令：

```
x = x + y
```

如果x是字串，而y是一個字母，則這個指令會將字母y添加到字串x的最後。但是也有一種常常使用的更簡捷的寫法，如以下說明：

x += y等效於x = x + y。

現在我們可以理解以下指令的含義：

out += chr(ord(c) + 1)

上面的指令通過chr(ord(c)+ 1)加密字母c，並將加密的字母添加到字串out的最後。

hitme的最後一條指令是output_variable.set(out)，會將output_variable設置爲out，即加密完成的字串。

此程式的視窗畫面如下圖所示：

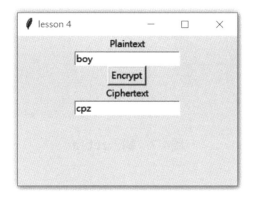

圖4-5　輸入boy

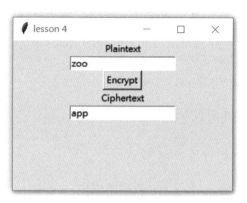

圖4-6 輸入zoo

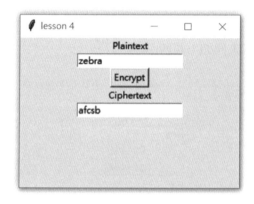

圖4-7 輸入zebra

例4-3 有reverse按鈕

在視窗內放置一個輸入框和一個按鈕，當使用者輸入一個字串在輸入框內並按下按鈕時，在視窗最下方顯示反過來的字串，例如apple變為elppa。

表4-3　例4-3的程式

```
import tkinter as tk

window = tk.Tk()
window.title('lesson 4')
window.geometry('400x200')

def reverse_string():
    c = input_entry.get();
    reversed_c=c[::-1]
    output_variable.set(reversed_c)

input_label = tk.Label(window, text='Plaintext')
input_label.pack()

input_entry = tk.Entry(window)
input_entry.pack()

b = tk.Button(window, text='Reverse', command=reverse_string)
b.pack()

output_variable = tk.StringVar()
output_entry = tk.Label(window, textvariable=output_variable)
output_entry.pack()
```

LESSON

4

在這個程式中有一個指令如下：

reversed_c = c[::-1]

c[x:y:z]的意思是c字串中擷取一段，這一段字串從第x個字開始，到第y-1個結束，其中每次跳z格。例：

記住c字串的index是從0開始。

c = 0 1 2 3 4 5 6

c[1:6:2] = 1 3 5

c[2:6:2] = 2 4

假如你要從第0個字開始，那就把x空下來。例：

c[:6:2] = 0 2 4

假如你要到最後一個字，那就將y空下來。例：

c[: :2] = 0 2 4 6

假如z是-1，那就是從後面往前面數，每次數一格。例：

c[: :-1] = 6 5 4 3 2 1 0

c[: :-2] = 6 4 2 0

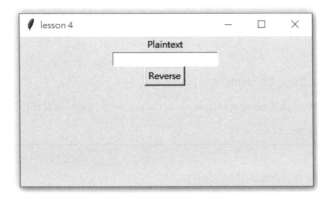

圖4-8　初始視窗

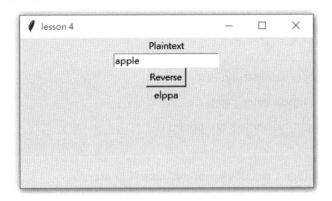

圖4-9 輸入apple

例4-4 有兩個按鈕

在視窗內放置一個輸入框和兩個按鈕，一個按鈕上的文字是「大寫」，另一個按鈕上的文字是「小寫」，當使用者輸入一個字串並點擊「大寫」按鈕時，在視窗最下方顯示全部字母都變成大寫的字串。當使用者點擊的是「小寫」按鈕時，則顯示全部字母都變成小寫的字串。

表4-4 例4-4的程式

```
import tkinter as tk

window = tk.Tk()
window.title('lesson 4')
window.geometry('400x200')

def lower_case_string():
    c = input_entry.get();
```

```
        output_variable.set(c.lower())

def upper_case_string():
    c = input_entry.get();
    output_variable.set(c.upper())


input_label = tk.Label(window, text='Plaintext')
input_label.pack()


input_entry = tk.Entry(window)
input_entry.pack()


b = tk.Button(window, text='小寫', command=lower_case_string)
b.pack()


b = tk.Button(window, text='大寫', command=upper_case_string)
b.pack()


output_variable = tk.StringVar()
output_entry = tk.Label(window, textvariable=output_variable)
output_entry.pack()
```

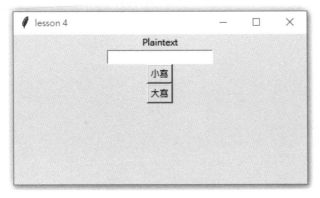

圖4-10　初始視窗

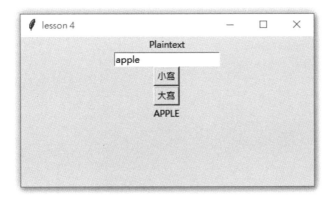

圖4-11　輸入小寫字

圖4-12　輸入大寫字

核取方塊（Checkbutton）

　　我們可以在視窗中放置一些選項，讓使用者可以打勾一個選項或多個選項，程式再根據使用者打勾的選項去做一些處理，Tkinter所提供的Checkbutton，稱為核取方塊，就可以達成這個目的。核取方塊也可以稱作是一種按鈕，按鈕本身的功能是由Tkinter提供的，不一定由我們寫程式來下定義。

　　舉例來說，學校想要提供一些課程讓學生選擇，學生可以去選取或者刪除自己想要上的課。在這種情況下就可以使用核取方塊來做到。

例5-1　選課

　　在表5-1的程式中，我們假設學校提供了三門不同的語言課程讓學生選擇，分別是英語、中文和法語，因此在視窗中我們會放入三個核取方塊，如圖5-1所示。

圖5-1　選課

　　一個核取方塊包含了一個方塊和顯示文字。當使用者點核取方塊時，方塊會從空格變成打勾。當使用者再次點擊核取方塊時，核取方塊會從打勾變成空格。

表5-1　例5-1的程式

```
import tkinter as tk

window = tk.Tk()
window.title('lesson5')
window.geometry('300x200')

def select_en():
    if english_var.get() == 1:
        result_variable.set('You selected English.')
    else:
        result_variable.set('You cleared English.')
```

LESSON

5

```
def select_ch():
    if chinese_var.get() == 1:
        result_variable.set('You selected Chinese.')
    else:
        result_variable.set('You cleared Chinese.')

def select_fr():
    if french_var.get() == 1:
        result_variable.set('You selected French.')
    else:
        result_variable.set('You cleared French.')

english_var = tk.IntVar()
english_checkbutton = tk.Checkbutton(window, text='English',
command=select_en, variable=english_var, onvalue=1, offvalue=0)
english_checkbutton.pack()

chinese_var = tk.IntVar()
chinese_checkbutton = tk.Checkbutton(window, text='Chinese',
command=select_ch, variable=chinese_var, onvalue=1, offvalue=0)
chinese_checkbutton.pack()

french_var = tk.IntVar()
french_checkbutton = tk.Checkbutton(window, text='French',
command=select_fr, variable=french_var, onvalue=1, offvalue=0)
french_checkbutton.pack()
```

```
result_variable = tk.StringVar()
result_label = tk.Label(window, textvariable = result_variable)
result_label.pack()
```

以下指令會在視窗中加入一個英語課程的核取方塊：

```
english_var = tk.IntVar()
english_checkbutton = tk.Checkbutton(window, text='English',
command=select_en, variable=english_var, onvalue=1, offvalue=0)
english_checkbutton.pack()
```

第一條指令定義english_var為一個整數變數，這個整數變數的目的是為了儲存核取方塊有沒有被選取，我們在下一條指令中會用到這個變數。

第二條指令定義english_checkbutton為一個核取方塊。它的顯示文字是English。command=select_en代表當使用者點擊這個核取方塊時，會執行select_en這個函式。variable=english_var代表核取方塊被選取的狀態會儲存在english_var這個變數中。onvalue=1代表當核取方塊有打勾時，english_var的值是1。offvalue=0代表當核取方塊沒有打勾時，english_var的值是0。

重要的是要了解english_var和onvalue及offvalue之間的關係，如果點擊後出現打勾符號，則此時english_var就會被設置為onvalue。另一方面，如果點擊後打勾符號消失，english_var就會被設置為offvalue。以上的動作是Tkinter提供的功能，是Checkbutton會自動進行的。只要我們把以上的關係都設定好，以後我們只要讀取english_var的值，就能知道核取方塊有沒有被選取。

第三條會真正將english_checkbutton這個核取方塊放入視窗當中。

接下來，我們說明select_en函式：

```
def select_en():
    if english_var.get() == 1:
        result_variable.set('You selected English.')
    else:
        result_variable.set('You cleared English.')
```

select_en函式首先用english_var.get()來讀取english_var變數的值。如果英語課程的核取方塊有被選取，則english_var會是1，此時select_en會將result_variable變數設置為You selected English. 。 如果英語課程的核取方塊沒有被選取，則english_var為0，此時select_en會將result_variable變數設置為You cleared English. 。

result_variable在程式的最後有定義。

下面顯示程式的運行。

圖5-2　選英文

圖5-3　選法文

圖5-4　清除英文

例5-2　買水果

　　例5-2的程式中，我們放置了四個核取方塊，分別代表四種不同的水果，使用者可以選擇自己想要的水果，然後按下計算按鈕，程式就會自動計算使用者所選擇的水果的總價錢。

表5-2　例5-2的程式

```
import tkinter as tk

window = tk.Tk()
window.title('lesson5')
window.geometry('300x200')

def hitme():
    result = 0
    if apple_var.get() == 1:
        result += 5
    if orange_var.get() == 1:
        result += 7
    if banana_var.get() == 1:
        result += 9
    if pineapple_var.get() == 1:
        result += 15
    result_variable.set(result)

apple_var = tk.IntVar()
apple_checkbutton = tk.Checkbutton(window, text='Apple $5',
variable=apple_var, onvalue=1, offvalue=0)
apple_checkbutton.pack()

orange_var = tk.IntVar()
orange_checkbutton = tk.Checkbutton(window, text='Orange $7',
variable=orange_var, onvalue=1, offvalue=0)
```

```
orange_checkbutton.pack()


banana_var = tk.IntVar()
banana_checkbutton = tk.Checkbutton(window, text='Banana $9',
variable=banana_var, onvalue=1, offvalue=0)
banana_checkbutton.pack()


pineapple_var = tk.IntVar()
pineapple_checkbutton = tk.Checkbutton(window, text='Pineapple $15',
variable=pineapple_var, onvalue=1, offvalue=0)
pineapple_checkbutton.pack()


b = tk.Button(window, text='Calculate', command=hitme)
b.pack()


result_variable = tk.IntVar()
result_label = tk.Label(window, textvariable = result_variable)
result_label.pack()
```

以上這個程式和上一個例子是非常類似的，也是使用核取方塊來讓使用者在幾個選項中選取自己想要的項目。

我們只說明其中有差異的部分，請看以下指令：

```
apple_var = tk.IntVar()
apple_checkbutton = tk.Checkbutton(window, text='Apple $5',
variable=apple_var, onvalue=1, offvalue=0)
apple_checkbutton.pack()
```

　　這三條指令在視窗中加入了一個代表蘋果的核取方塊，但讀者可能有注意到，在例5-1的Checkbutton中，是有command的設置，也就是當核取方塊被點擊時，會執行command所設置的函式。因此上一個例子的特點是，當使用者點擊核取方塊時，程式會立即在下方顯示出結果。

　　但在此例子中的核取方塊並沒有command的設置，我們特別以此例子來說明，沒有command設置也是可以的，只是當使用者點擊核取方塊時，就沒有函式被執行。但Tkinter還是會自動地根據核取方塊有沒有被選取，將apple_var設置為onvalue或offvalue。

　　為了能夠計算使用者所選擇的水果的總價格，我們另外放置了一個按鈕Calculate在視窗中，當使用者選擇完成想要的水果後，就點擊這個按鈕，就會執行hitme函式，hitme函式會進行總價格的計算，並將計算的結果顯示在視窗的最下方。

　　以下是程式執行的過程。

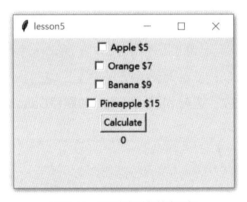

圖5-5　程式初始的視窗

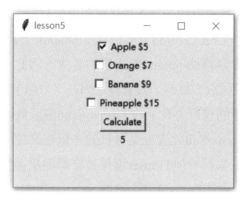

圖5-6　選Apple並點擊Calculate

圖5-7　選Apple與Banana並點擊Calculate

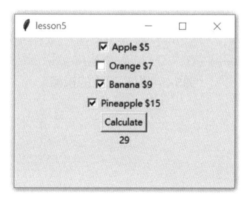

圖5-8　選Apple、Banana與pineapple並點擊Calculate

例5-3　有三個核取方塊

在視窗內放置三個核取方塊，第一個核取方塊的內容是1，第二個核取方塊的內容是2，第三個核取方塊的內容是3。在視窗的最下方顯示一個整數變數，初始值為0。當使用者選取任何一個方塊時，就將方塊內的數字加入到這個整數中。當使用者取消選取任何一個方塊時，就將方塊的數字從整數中減去。比方說，假設使用者首先選取了2，就將2加入到整數變數中，結果為2。此時假設使用者又選取了1，就將1加入到整數中，結果為3。假設使用者此時取消選取2，就將2從整數中減去，結果為1。

表5-3　例5-3的程式

```python
import tkinter as tk

window = tk.Tk()
window.title('Lesson 5')
window.geometry('350x350')

def hitme():
    result = 0
    if var_1.get() == 1:
        result += 1
    if var_2.get() == 1:
        result += 2
    if var_3.get() == 1:
        result += 3
    result_variable.set(result)
```

LESSON

5

```
var_1 = tk.IntVar()
checkbutton_1 = tk.Checkbutton(window, text='1', variable=var_1,
onvalue=1, offvalue=0)
checkbutton_1.pack()


var_2 = tk.IntVar()
checkbutton_2 = tk.Checkbutton(window, text='2', variable=var_2,
onvalue=1, offvalue=0)
checkbutton_2.pack()


var_3 = tk.IntVar()
checkbutton_3 = tk.Checkbutton(window, text='3', variable=var_3,
onvalue=1, offvalue=0)
checkbutton_3.pack()


b = tk.Button(window, text='Calculate', command=hitme)
b.pack()


result_variable = tk.IntVar(0)
result_label = tk.Label(window, textvariable = result_variable)
result_label.pack()
```

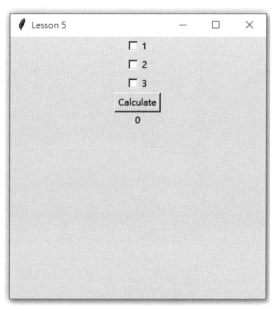

圖5-9 初始視窗

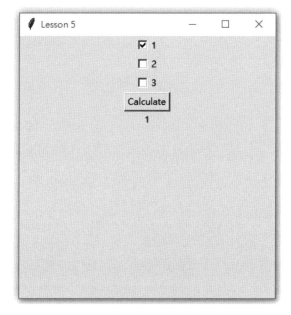

圖5-10 選1

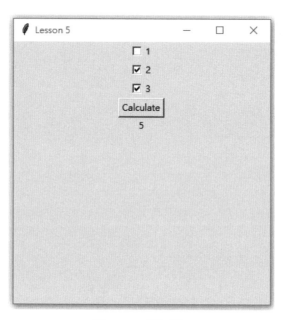

圖5-11　選2和3

單選按鈕（Radiobutton）

Radiobutton是一個選擇按鈕，和前一課的Checkbutton非常類似，但有些微差異。Checkbutton是可以允許使用者同時選取多個選項的，比方說，我可以同時選擇蘋果和香蕉。但是Radiobutton的特點是只能從多個選項中選取一個，因此Radiobutton被稱爲單選按鈕。

一個單選按鈕包含了一個圓圈和一串顯示文字，當你點擊一個單選按鈕，圓圈的內部會從白色轉變爲黑色，表示該選項被選取了。

例6-1　男性或女性

表6-1　例6-1的程式

```
import tkinter as tk

window = tk.Tk()
window.title('lesson6')
window.geometry('300x200')

x = tk.IntVar()
x.set(0)
```

```
def hitme():
    v = x.get()
    if v == 1:
        s.set("You selected male.")
    elif v == 2:
        s.set("You selected female.")

b1 = tk.Radiobutton(window, text="male", variable=x, value=1,
command=hitme)
b1.pack()


b2 = tk.Radiobutton(window, text="female", variable=x, value=2,
command=hitme)
b2.pack()


s = tk.StringVar()


label = tk.Label(window, textvariable=s)
label.pack()
```

以下的指令定義了兩個單選按鈕b1和b2。

```
b1 = tk.Radiobutton(window, text="male", variable=x, value=1,
command=hitme)
b1.pack()

b2 = tk.Radiobutton(window, text="female", variable=x, value=2,
```

command=hitme)

b2.pack()

　　從指令中可以看見，b1和b2共用同一個整數變數x。其中b1中有value=1，代表如果使用者點擊b1，x會變成1。而b2中有value=2，代表如果使用者點擊b2，x會變成2。b1和b2也共用同一個函式hitme，代表無論使用者點擊b1還是b2，都會執行hitme函式。

　　以下是程式執行的結果：

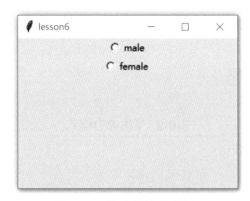

圖6-1　程式初始的視窗

圖6-2　選了male

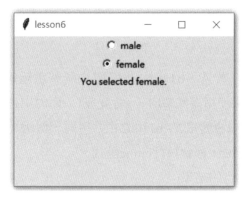

圖6-3　選了female

例6-2　地名

表6-2　例6-2的程式

```
import tkinter as tk

window = tk.Tk()
window.title('lesson6')
window.geometry('300x200')

x = tk.IntVar()
x.set(1)

b1 = tk.Radiobutton(window, text="倫敦", variable=x, value=1)
b1.pack()

b2 = tk.Radiobutton(window, text="巴黎", variable=x, value=2)
```

```
b2.pack()

b3 = tk.Radiobutton(window, text="羅馬", variable=x, value=3)
b3.pack()

def hitme():
    v = x.get()
    if v == 1:
        s.set("你選擇了倫敦。")
    elif v == 2:
        s.set("你選擇了巴黎。")
    elif v == 3:
        s.set("你選擇了羅馬。")

tk.Button(window, text="確定", command=hitme).pack()

s = tk.StringVar()
tk.Label(window, textvariable=s).pack()
```

　　此例的程式和上一個例子非常類似，我們只說明其中有差異的部分。以下指令定義了整數變數x，以及設定x的初始值。

```
x = tk.IntVar()
x.set(1)
```

　　在上一個例子中，x的初始值是0，而代表男性的單選按鈕的value=1，代表女性的單選按鈕的value=2。由於x的初始值和任何一個單選按鈕的value都不相等，因此程式的初始畫面中，男性和女性都是沒有被選取的狀態。

在此例中，我們把x的初始值設置為1，而代表倫敦的單選按鈕的value=1。因此，在此例程式的初始畫面中，倫敦會被選取。

另外一個差異是，此例中的單選按鈕，沒有對command進行設置，請看以下指令。

```
b1 = tk.Radiobutton(window, text="倫敦", variable=x, value=1)
b1.pack()
```

在b1當中，command沒有被設置，因此當使用者點擊b1時，不會有函式被執行。我們額外加入了一個確定按鈕，當使用者點擊確定按鈕時，才執行hitme指令。我們以此例子來說明，即使單選按鈕的command沒有被設置，也是可以的。

圖6-4　例6-2程式的初始畫面

圖6-5　選擇倫敦並點擊確定

圖6-6　選擇羅馬並點擊確定

例6-3　用單選按鈕做出一到十二月月份表

表6-3　例6-3的程式

```
import tkinter as tk


window = tk.Tk()
```

LESSON

6

```
window.title('lesson6')
window.geometry('250x350')


month = tk.IntVar()


tk.Radiobutton(window, text='一月', variable=month, value=1).
grid(column=0, row=0)
tk.Radiobutton(window, text='二月', variable=month, value=2).
grid(column=0, row=1)
tk.Radiobutton(window, text='三月', variable=month, value=3).
grid(column=0, row=2)


tk.Radiobutton(window, text='四月', variable=month, value=4).
grid(column=0, row=3)
tk.Radiobutton(window, text='五月', variable=month, value=5).
grid(column=0, row=4)
tk.Radiobutton(window, text='六月', variable=month, value=6).
grid(column=0, row=5)


tk.Radiobutton(window, text='七月', variable=month, value=7).
grid(column=0, row=6)
tk.Radiobutton(window, text='八月', variable=month, value=8).
grid(column=0, row=7)
tk.Radiobutton(window, text='九月', variable=month, value=9).
grid(column=0, row=8)
```

tk.Radiobutton(window, text='十月', variable=month, value=10).
grid(column=0, row=9)

tk.Radiobutton(window, text='十一月', variable=month, value=11).
grid(column=0, row=10)

tk.Radiobutton(window, text='十二月', variable=month, value=12).
grid(column=0, row=11)

tk.Label(window, textvariable=month).grid(column=0, row=12)

圖6-7　初始視窗

圖6-8　選九月

圖6-9　選三月

例6-4 請用以上教的做一個衣服尺寸選擇器

表6-4 例6-4的程式

```
import tkinter as tk

window = tk.Tk()
window.title('lesson6')
window.geometry('400x400')

label_info = tk.Label(text="請選擇您的尺寸：").grid(row=0, column=0)

all_choices = (('Small', 'S'),
               ('Medium', 'M'),
               ('Large', 'L'),
               ('Extra Large', 'XL'),
               ('Extra Extra Large', 'XXL'))

selected_size = tk.StringVar(window, ' ')

for i in range(len(all_choices)):
    size = all_choices[i]
    tk.Radiobutton(window, text=size[0], value=size[1],
variable=selected_size).grid(row=i+1, column=0)

label_result_1 = tk.Label(text="您所選擇的尺寸為：").grid(row=6,
column=0)
label_result_2 = tk.Label(textvariable=selected_size).grid(row=7,
column=0)
```

LESSON

6

圖6-10　初始視窗

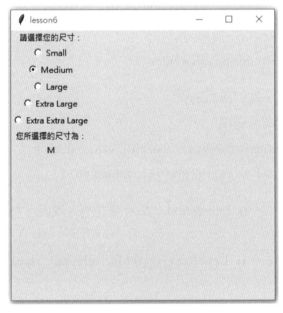

圖6-11　選Medium

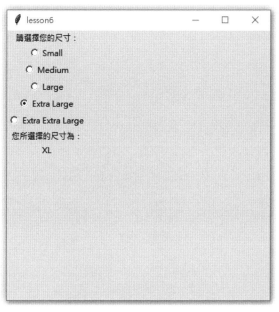

圖6-12　選Extra Large

下拉式選單（Combobox）

前兩課介紹了核取按鈕及單選按鈕，讓我們可以在視窗中加入讓使用者選取的選項。這一課我們要介紹另外一種讓使用者選取選項的方法，稱為Combobox（下拉式選單）。

例7-1　選課並顯示費用

表7-1　例7-1的程式

```
import tkinter as tk
import tkinter.ttk as ttk


window = tk.Tk()
window.title('lesson7')
window.geometry('300x200')


label1 = tk.Label(window, text='請選擇想要學的語言')
label1.pack()


var1 = tk.StringVar()
```

```
box = ttk.Combobox(window, textvariable=var1, value=['C/C++',
'Python', 'Java'])
box.pack()

def hitme():
    s = var1.get()
    if s == 'C/C++':
        var2.set('學費爲500元')
    elif s == 'Python':
        var2.set('學費爲800元')
    elif s == 'Java':
        var2.set('學費爲600元')

button = tk.Button(window, text='確定', command=hitme)
button.pack()

var2 = tk.StringVar()
label2 = tk.Label(window, textvariable=var2)
label2.pack()
```

　　下圖顯示了這個程式的初始畫面,各位可以看到,在「請選擇要學的語言」這串文字的下方,有一個長方形的區域,在它的右側有一個箭頭,此即是Combobox(下拉式選單)。當使用者點擊右側的箭頭,下拉式選單會展開,會出現一些課程名稱。當使用者選擇其中一門課程以後,這門課程的文字就會顯示在下拉式選單的空白區域。

圖7-1　例7-1程式的初始畫面

由於Combobox是在tkinter中的另外一個函式庫ttk內，因此在程式的一開始，我們可以看到以下指令：

import tkinter.ttk as ttk

此指令的目的是將ttk這個函式庫引入，它的名稱我們就直接取名為ttk。

接下來有以下的指令

label1 = tk.Label(window, text='請選擇想要學的語言')
label1.pack()

這個指令使得「請選擇想要學的語言」出現在最上方。

接下來是用來加入Combobox的指令。

var1 = tk.StringVar()
box = ttk.Combobox(window, textvariable=var1, value=['C/C++', 'Python', 'Java'])
box.pack()

其中的value=['C/C++', 'Python', 'Java']是在定義這個下拉式選單裡面有哪些選項可以選擇。在此例子中我們有三種選項，C/C++、Python、Java。當然也可以繼續加入更多的選項。而textvariable=var1代表var1這個字串變數會儲存使用者所選取的選項。比方說，假如使用者選取了C/C++，則var1的內容會被Combobox設置為C/C++。

在Combobox的下方有一個按鈕，它顯示的文字是「確定」。當使用者點擊「確定」按鈕後，會執行hitme函式，以下顯示hitme函式的指令：

```
def hitme():
    s = var1.get()
    if s == 'C/C++':
        var2.set('學費為500元')
    elif s == 'Python':
        var2.set('學費為800元')
    elif s == 'Java':
        var2.set('學費為600元')
```

在hitme函式中，var1.get()是在讀取var1內所存的字串，也就是要取得使用者所選取的選項。接下來hitme函式會根據讀取到的課程來決定學費，並將學費寫入var2變數中。

因為Var2是一個標籤label2中的變數，只要它的內容被修改了，label2所顯示出來的文字就會跟著改變，因此所選擇的課程的學費就會顯示出來。

以下圖片顯示程式執行過程：

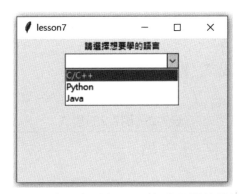

圖7-2　使用者點擊了下拉式選單的箭頭

圖7-3　使用者選取了C/C++並點擊確定

圖7-4　使用者選取了Python並點擊確定

例7-2　點菜

這個例子有關點菜，程式在表7-2。

表7-2　例7-2的程式

```python
import tkinter as tk
import tkinter.ttk as ttk


window = tk.Tk()
window.title('lesson7')
window.geometry('300x200')


label1 = tk.Label(window, text='請選擇想要的菜')
label1.pack()


var1 = tk.StringVar()
box = ttk.Combobox(window, textvariable=var1, value=['東坡肉', '獅子頭
', '左宗棠雞'])
box.pack()


def hitme():
    s = var1.get()
    if s == '東坡肉':
        var2.set('價錢為300元')
    elif s == '獅子頭':
        var2.set('價錢為280元')
```

```
    elif s == '左宗棠雞':
        var2.set('價錢為320元')


button = tk.Button(window, text='確定', command=hitme)
button.pack()


var2 = tk.StringVar()
label2 = tk.Label(window, textvariable=var2)
label2.pack()
```

圖7-5　程式初始畫面

圖7-6　使用者點擊了下拉式選單的箭頭

圖7-7   使用者選取了東坡肉並點擊確定

圖7-8   使用者選取了獅子頭並點擊確定

例7-3   設計一個學生基本資料選單

表7-3   例7-3的程式

```
import tkinter as tk
import tkinter.ttk as ttk

window = tk.Tk()
window.title('lesson7')
```

```
window.geometry('400x320')

label_name = tk.Label(window, text = '姓名：', width = 10)
label_name.grid(row = 0, column = 0)

var_name = tk.StringVar(window, '')
entry_name = tk.Entry(window, width = 13, textvariable = var_name)
entry_name.grid(row = 0, column = 1)

label_grade = tk.Label(window, text = '年級：', width = 10)
label_grade.grid(row = 1, column = 0)

student_grade = ('1','2','3')
combobox_grade = ttk.Combobox(window, width = 10, values = student_
grade)
combobox_grade.grid(row = 1, column = 1)

label_class = tk.Label(window, text = '班級：', width = 10)
label_class.grid(row = 1, column = 2)

student_class = ('甲','乙','丙','丁','戊')
combobox_class = ttk.Combobox(window, width = 10, values = student_
class)
combobox_class.grid(row = 1, column = 3)

label_sex = tk.Label(window, text = '性別：', width = 10)
label_sex.grid(row = 2, column = 0)

var_sex = tk.IntVar(window, 1)
```

```
radiobutton_boy = tk.Radiobutton(window, variable = var_sex, value = 1,
text = '男生')
radiobutton_boy.grid(row = 2, column = 1)

radiobutton_girl = tk.Radiobutton(window, variable = var_sex, value = 0,
text = '女生')
radiobutton_girl.grid(row = 3, column = 1)

var_result = tk.StringVar(window, '')
label_result = tk.Label(window, textvariable = var_result).grid(row = 5,
column = 0, columnspan = 4)

def hitme():
    result = ''
    result += var_name.get() + '\t'
    result += combobox_grade.get() + '年\t'
    result += combobox_class.get() + '班\t'
    if var_sex.get():
        result += '男'
    else:
        result += '女'
    var_result.set(result)

button_enter = tk.Button(window, text = "新增", command = hitme).
grid(row = 4, column = 0)
```

圖7-9　初始視窗

圖7-10　輸入資料

記事本（Notebook）

假如我們有兩類學校，大學和高中。每一類學校內都有好幾所學校，每一所學校有它的註冊日期。我們想要有一個可以將資料分類的記事本，就可以建立一個Notebook的視窗。在Notebook內，我們再建造兩個框架，其中一個框架是顯示大學註冊日期用的，另一個框架是顯示高中註冊日期用的。Notebook允許你將資料分別放入所屬的框架中。如果你點擊大學的框架，Notebook會顯示所有大學的註冊日期。如果你點擊高中的框架，Notebook會顯示所有高中的註冊日期。

例8-1　學校註冊日期

表8-1　例8-1的程式

```
import tkinter as tk
import tkinter.ttk as ttk


window = tk.Tk()
window.title('lesson8')
window.geometry('300x200')
```

```
notice = ttk.Notebook(window)


tab1 = tk.Frame()
tab2 = tk.Frame()


notice.add(tab1, text='College')
notice.add(tab2, text='High School')


notice.pack()

tk.Label(tab1, text='Registration Date for College').pack()
tk.Label(tab1, text='College 1: September 13').pack()
tk.Label(tab1, text='College 2: September 15').pack()


tk.Label(tab2, text='Registration Date for High School').pack()
tk.Label(tab2, text='School 1: September 5').pack()
tk.Label(tab2, text='School 2: September 6').pack()
```

　　Notebook是ttk內的記事本物件，程式一開始就要呼叫Notebook來建立一個記事本物件，我們將它命名為notice，以下的指令建立了notice。

　　notice = ttk.Notebook(window)

　　接下來我們要在記事本內建立兩個分頁，因此需要建造兩個框架（frame）。框架是由以下的指令建構的：

　　tab1 = tk.Frame()
　　tab2 = tk.Frame()

所謂Frame其實是一個空的視窗，它的大小會根據放入的資料來自行調整。比方說，tab1可以放入很多標籤，在下面會說明。

如上面所示，我們將這兩個框架分別命名為tab1和tab2。

接下來我們想要將tab1和tab2的標題分別設定為大學（College）和高中（High School）。並經由以下指令，將這兩個框架放入notice中。

notice.add(tab1, text='College')

notice.add(tab2, text='High School')

以上兩個指令，使得notice中產生了兩個按鈕，一個按鈕叫做College，另一個叫做High School，讓使用者點擊。當使用者點擊College的按鈕時，notice會顯示tab1的內容。當使用者點擊High School時，notice會顯示tab2的資料。

以下的指令將有關大學的資料，以標籤（label）形式放入tab1。請讀者知道，tab1內的資料都是有關College的資料。

tk.Label(tab1, text='Registration Date for College').pack()

tk.Label(tab1, text='College 1: September 13').pack()

tk.Label(tab1, text='College 2: September 15').pack()

以下的指令將有關高中的資料，放入tab2。tab2內的資料是有關High School的。

tk.Label(tab2, text='Registration Date for High School').pack()

tk.Label(tab2, text='School 1: September 5').pack()

tk.Label(tab2, text='School 2: September 6').pack()

使用者如果點擊tab1，Notebook會顯示以上指令所儲存的資料。

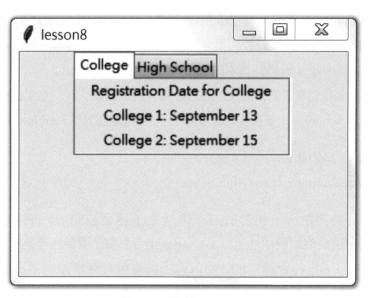

圖8-1　點擊College

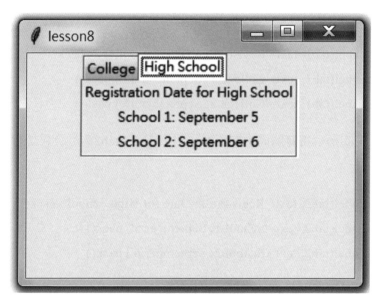

圖8-2　點擊High School

例8-2 作者和書

表8-2 例8-2的程式

```python
import tkinter as tk
import tkinter.ttk as ttk

window = tk.Tk()
window.title('lesson8')
window.geometry('300x200')

authors = ttk.Notebook(window)

tab1 = tk.Frame()
tab2 = tk.Frame()

authors.add(tab1, text='Dickens')
authors.add(tab2, text='Wells')

authors.pack()

tk.Label(tab1, text='Famous Books').pack()
tk.Label(tab1, text='A Tale of Two Cities').pack()
tk.Label(tab1, text='A Christmas Carol').pack()
tk.Label(tab1, text='Oliver Twist').pack()

tk.Label(tab2, text='Famous Books').pack()
tk.Label(tab2, text='The Time Machine').pack()
tk.Label(tab2, text='The Invisible Man').pack()
tk.Label(tab2, text='The War of the Worlds').pack()
```

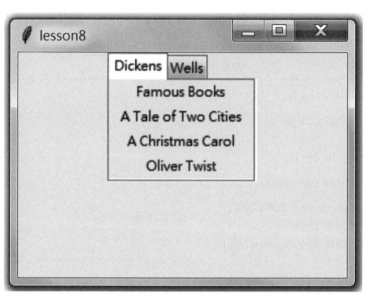

圖8-3　點擊Dickens

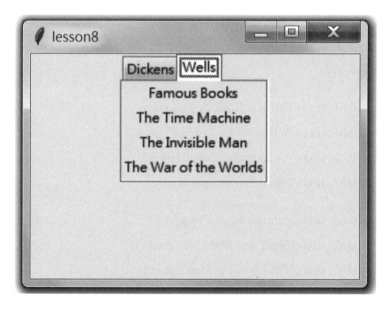

圖8-4　點擊Wells

例8-3　做一個記事本，將博幼基金會的據點依照區域分別顯示在不同的頁面

表8-3　例8-3的程式

```python
import tkinter as tk
import tkinter.ttk as ttk


window = tk.Tk()
window.title('lesson8')
window.geometry('300x300')


tk.Label(window, text="博幼基金會據點分佈").pack()


notebook = ttk.Notebook(window)
frame1 = ttk.Frame(notebook)
frame2 = ttk.Frame(notebook)
frame3 = ttk.Frame(notebook)
frame4 = ttk.Frame(notebook)
frame5 = ttk.Frame(notebook)
notebook.add(frame1, text='北區')
notebook.add(frame2, text='中區')
notebook.add(frame3, text='南區／離島')
notebook.add(frame4, text='東區')
notebook.pack()


tk.Label(frame1, text="宜蘭中心—大同國中").pack()
```

```
tk.Label(frame1, text="宜蘭中心—松羅").pack()

tk.Label(frame1, text="宜蘭中心—南澳").pack()

tk.Label(frame1, text="竹東中心").pack()

tk.Label(frame1, text="橫山中心").pack()

tk.Label(frame1, text="尖石前山中心").pack()

tk.Label(frame1, text="尖石後山中心—秀巒").pack()

tk.Label(frame1, text="尖石後山中心—石磊").pack()


tk.Label(frame2, text="沙鹿中心").pack()

tk.Label(frame2, text="埔里中心").pack()

tk.Label(frame2, text="信義陳有蘭中心").pack()

tk.Label(frame2, text="信義濁水中心").pack()

tk.Label(frame2, text="國姓中心").pack()

tk.Label(frame2, text="彰化中心").pack()

tk.Label(frame2, text="雲林中心").pack()


tk.Label(frame3, text="嘉義中心—石棹").pack()

tk.Label(frame3, text="嘉義中心—大埔").pack()

tk.Label(frame3, text="屏東中心").pack()

tk.Label(frame3, text="澎湖中心—湖西").pack()

tk.Label(frame3, text="澎湖中心—馬公").pack()


tk.Label(frame4, text="台東中心").pack()

tk.Label(frame4, text="花蓮中心").pack()
```

圖8-5　初始視窗

圖8-6　選中區

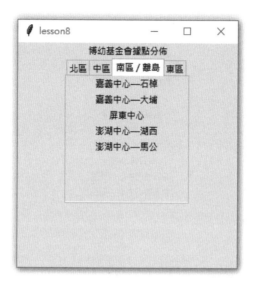

圖8-7　選南區/離島

圖8-8　選東區

自訂值（Spinbox）

假如劇院要販售門票，您必須輸入要購買多少張票。劇院可以使用Spinbox來完成這項工作。它會在視窗內創建一個物件，讓使用者可以點擊更改要購買多少張票。物件的右側會有兩個箭頭，分別是向上和向下的箭頭。如下例程式所示，使用者點擊向上的時候，數字會增加。當使用者點擊向下的時候，數字會減少。

例9-1 購票

表9-1 例9-1的程式

```
import tkinter as tk
import tkinter.ttk as ttk

window = tk.Tk()
window.title('lesson9')
window.geometry('300x200')

tk.Label(window, text='Number of tickets').pack()

number = tk.Spinbox(window, from_=1, to=10, increment=1)
```

```
number.pack()

def hitme():
    n = number.get()
    result.set('You are going to buy {} tickets.'.format(n))

tk.Button(window, text='Enter', command=hitme).pack()

result = tk.StringVar()

tk.Label(window, textvariable=result).pack()
```

創造Spinbox的指令如下：

number = tk.Spinbox(window, from_=1, to=10, increment=1)

我們要讓Spinbox內顯示的是數字，數字的起始值是1，是由from_=1決定的。最大值是10，是由to=10決定的。每次使用者按向上按鈕時，都會增加1，這是由increment=1決定的。反之，按向下按鈕就會減少1。如果將increment改成2，那麼每次按向上按鈕就會增加2。

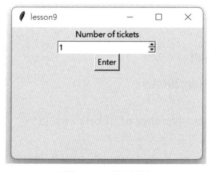

圖9-1　起始圖

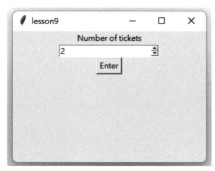

圖9-2　按向上的箭頭

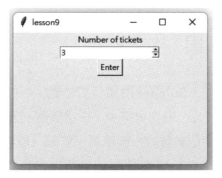

圖9-3　再按一次向上的箭頭

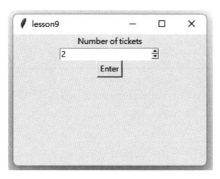

圖9-4　按向下的箭頭

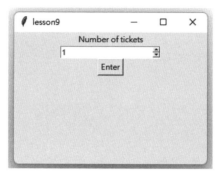

圖9-5　再按一次向下的箭頭

例9-2　選水果

在前一個例子中，Spinbox內顯示的是數字，按向上按鈕時，數字會增加，按向下按紐時，數字會減少。在這個例子，我們使得Spinbox內顯示的是文字，文字是來自於一個陣列，依照一個次序排列好['Apple', 'Banana', 'Mango']。初始狀況是Apple會出現在Spinbox中，當我們按向上按鈕時，會切換至Banana，再按一次向上會切換至Mango。如果按往下，又會回到Banana。

表9-2　例9-2的程式

```
import tkinter as tk

window = tk.Tk()
window.title('lesson9')
window.geometry('400x200')


def display_selected():
```

```
        var_label.set('You have selected ' + var_spinbox.get() + '.')

var_spinbox = tk.StringVar()

tk.Spinbox(window, textvariable=var_spinbox, value=['Apple', 'Banana',
'Mango'], command=display_selected).pack()

var_label = tk.StringVar()

tk.Label(window, textvariable=var_label).pack()
```

創造Spinbox的指令如下：

```
tk.Spinbox(window, textvariable=var_spinbox, value=['Apple',
'Banana', 'Mango'], command=display_selected).pack()
```

他的command是由def display_selected() 來定義的，程式如下：

```
def display_selected():
    var_label.set('You have selected ' + var_spinbox.get() + '.')
```

當使用者每次按向上或向下按鈕的時候，Tkinter就會執行一次display_selected這個函式。

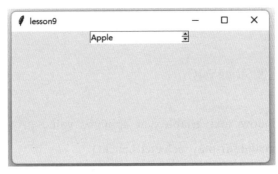

圖9-6　起始圖

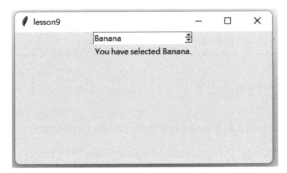

圖9-7　按向上的按鈕

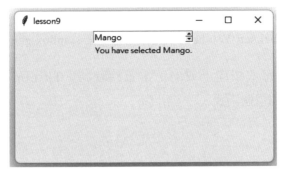

圖9-8　再按一次向上的按鈕

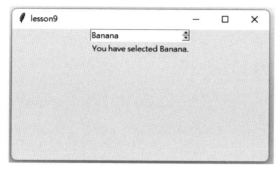

圖9-9　按向下的按鈕

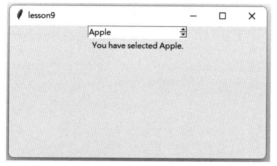

圖9-10　再按一次向下的按鈕

列表（Listbox）

Listbox是Tkinter提供的一項功能，允許使用者將一個框架放入視窗中，這個框架就是列表。 在例10-1的程式中，這個列表叫做fruit，使用者可以將各種水果名稱存入這個fruit列表中。

我們又利用了輸入框（entry）建立了另一個較小的框架，讓使用者可以利用entry的功能，在此框架中輸入想要存入列表中的水果名稱。

接著我們建立一個按鈕（button）。當使用者按下按鈕時，hitme函數會將較小框架中的水果名稱存入fruit列表，也就是較大的框架。"tk. END"表示我們要將水果名稱放在列表的最後一行。因此，新加入的水果總是會出現在最後一行。

例10-1　在列表中新增內容

表10-1　例10-1的程式

```
import tkinter as tk

window = tk.Tk()
window.title('lesson10')
window.geometry('300x300')
```

```
fruits = tk.Listbox(window)
fruits.pack()


name_entry = tk.Entry(window)
name_entry.pack()


def hitme():
    name = name_entry.get()
    fruits.insert(tk.END, name)


tk.Button(window, text='Add', command=hitme).pack()
```

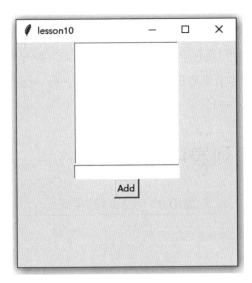

圖10-1　起始圖

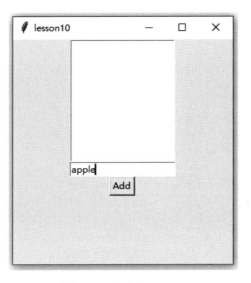

圖10-2　鍵入apple

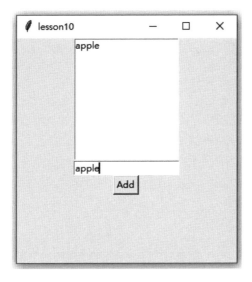

圖10-3　鍵入apple後

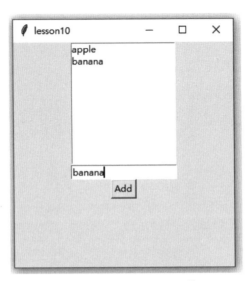

圖10-4　鍵入banana後

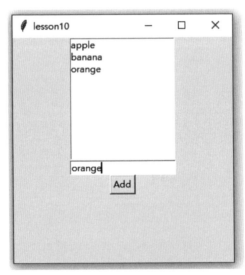

圖10-5　鍵入orange後

例10-2　從列表中刪除內容

我們也可以將內容從列表中刪除。使用者可以用滑鼠點選想要刪除的項目，並按下"delete"按鈕執行刪除。在程式中可看到，我們透過Tkinter所提供的curselection()功能來取得使用者滑鼠所點選的項目，並且將它從列表中刪除。

表10-2　例10-2的程式

```
import tkinter as tk

window=tk.Tk()
window.title('lesson10')
window.geometry('300x300')

list_box = tk.Listbox(window)
list_box.pack()

entry = tk.Entry(window, show=None)
entry.pack()

def add():
    var = entry.get()
    list_box.insert('end', var)
    entry.delete(0, 'end')

def delete():
```

```
        ist_box.delete(list_box.curselection())

button1 = tk.Button(window, text='Add', width=6, command=add)
button1.pack()

button2 = tk.Button(window, text='Delete', width=6, command=delete)
button2.pack()
```

圖10-6　初始畫面

圖10-7 加入蘋果

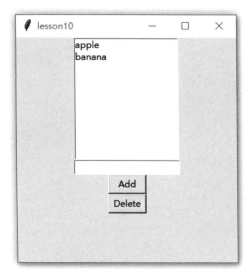

圖10-8 加入香蕉

LESSON

10

LESSON

10

圖10-9　加入橘子

圖10-10　點選香蕉

圖10-11　點選刪除

文字框（Text）

在前面的章節，我們已經學到可以用輸入框（entry）來輸入文字，但是輸入框只能輸入較短的文字。假如你想要寫一篇文章，就需要一個比較大的輸入文字的區域，而且之後也想要不斷地修改它，你可以使用Text來實現這個功能。

在以下的程式中，我們用Text建立了一個文字框，並將它命名為article。這個文字框讓使用者可以輸入文章。我們也建立了一個按鈕，以及建立了另一個文字框，稱為result。當使用者按下按鈕時，輸入在article文字框中的文字，會被顯示到result文字框中。

例11-1　鍵入文章並顯示其內容

表11-1　例11-1的程式

```
import tkinter as tk


window = tk.Tk()
window.title('lesson11')
window.geometry('300x400')


tk.Label(window, text='Article').pack()
```

```
article = tk.Text(window, height=10, width=30)
article.pack()

def hitme():
    content = article.get('1.0', tk.END)
    result.delete('1.0', tk.END)
    result.insert(tk.END, content)

tk.Button(window, text='Input', command=hitme).pack()

tk.Label(window, text='Result').pack()
result = tk.Text(window, height=10, width=30)
result.pack()
```

以下的指令建立article文字框：

```
article = tk.Text(window, height=10, width=30)
```

以下的指令建立result文字框：

```
result = tk.Text(window, height=10, width=30)
```

視窗中有了article文字框，使用者就可鍵入文字，完成以後，可以點擊input按鈕，這個按鈕的指令如下：

```
tk.Button(window, text='Input', command=hitme).pack()
```

hitme的指令如下：

```
def hitme():
```

content = article.get('1.0', tk.END)

result.delete('1.0', tk.END)

result.insert(tk.END, content)

result.delete('1.0', tk.END)是將result文字框中的一段文字刪掉，而這個文字的起點為1.0，代表第一行，tk.END表示最後一行。

第一道指令取出article文字框中的內容，將它命名為content。

第二道指令清除result文字框（用delete）。

第三道指令將content放入result文字框中。

圖11-1　起始圖

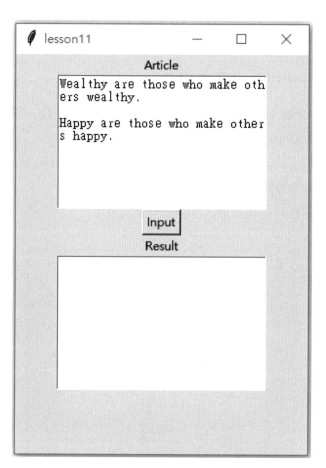

圖11-2　鍵入文字

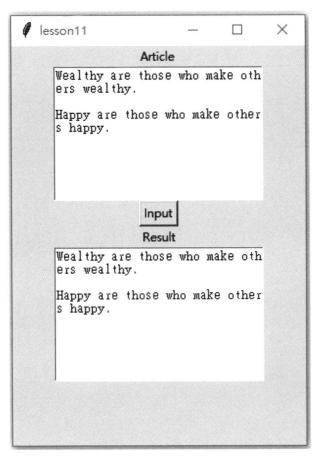

圖11-3　點擊input

article的內容是可以修改的。

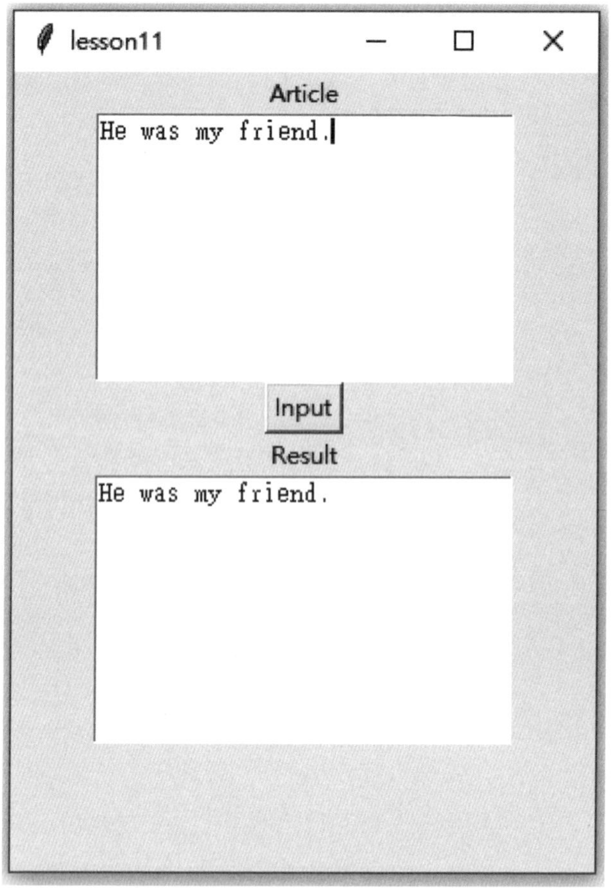

圖11-4　修改前

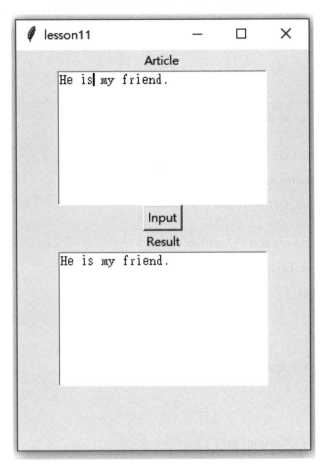

圖11-5　修改後

例11-2　問答系統

　　以下的程式建立了一個問答系統，寫程式的人先將一些問題放入一個
檔案叫做Questions.txt中。程式會從Questions.txt中讀取要詢問使用者的
問題，並且依序將問題用一個文字框顯示給使用者，另外還有一個文字框

讓使用者輸入回答。程式收到使用者的回答以後，會將答案寫入到另一個
名為Answers.txt的文字檔。

表11-2　例11-2的程式

```python
import tkinter as tk

window = tk.Tk()
window.title('lesson11')
window.geometry('300x400')

tk.Label(window, text='Question').pack()
question = tk.Text(window, height=10, width=30)
question.pack()

i = 1

def get_next_question():
    global i
    j = 0
    f = open('Questions.txt', 'r')
    while True:
        line = f.readline()
        if line == '':
            break
        elif line != '\n':
            j += 1
            if i == j:
                break
```

```
        question.delete('1.0', tk.END)

        question.insert(tk.END, line)

        i += 1

        f.close()

get_next_question()

tk.Label(window, text='Answer').pack()

answer = tk.Text(window, height=10, width=30)

answer.pack()

f = open('Answers.txt', 'w')

f.close()

def hitme():

    f = open('Answers.txt', 'a')

    content = question.get('1.0', tk.END)

    f.write(content)

    content = answer.get('1.0', tk.END)

    f.write(content + '\n')

    answer.delete('1.0', tk.END)

    get_next_question()

    f.close()

tk.Button(window, text='Enter', command=hitme).pack()
```

　　在執行get_next_question以前要注意，有一個全域變數i，i是我們要讀取的第幾個問題。i的起始值是1。

　　get_next_question函式的流程圖解釋如下：

1. 宣稱i是一個全域變數

2. j = 0，j代表目前已經讀取過的問題個數

3. 開啓Questions.txt檔案

4. 讀取一行

5. 如果此行是空的就跳出while loop

6. 如果此行不是一個換行符號，就令j = j + 1

7. 如果j == i，就跳出while loop

8. delete question文字框的所有內容

9. 將新的問題寫入question文字框中

10. i = i + 1

11. 關閉檔案

　　我們將hitme的流程圖解釋如下：

1. open Answers.txt檔案

2. 取出question文字框的內容，存入content

3. 將content的內容寫入Answers.txt檔案中

4. 取出answer文字框的內容，存入content

5. 將content的內容寫入Answers.txt檔案中

6. 將answer文字框的內容刪除

7. 呼叫get_next_question函式

8. 關閉Answers.txt檔案

　　"Questions.txt"文字檔的內容如下：

---

1. What is your name?

2. Where are you from?

3. What is your favorite exercise?

　　程式一開始啓動以後，第一個問題就會出現在Question文字框中，使
用者可以將答案輸入Answer文字框，然後按enter按鈕。接下來程式會顯
示出第二個問題，直到所有問題都回答完畢就停止。

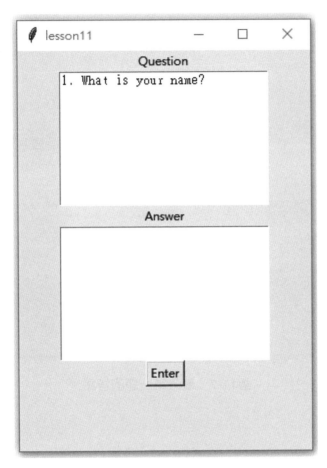

圖11-6　初始畫面

LESSON

11

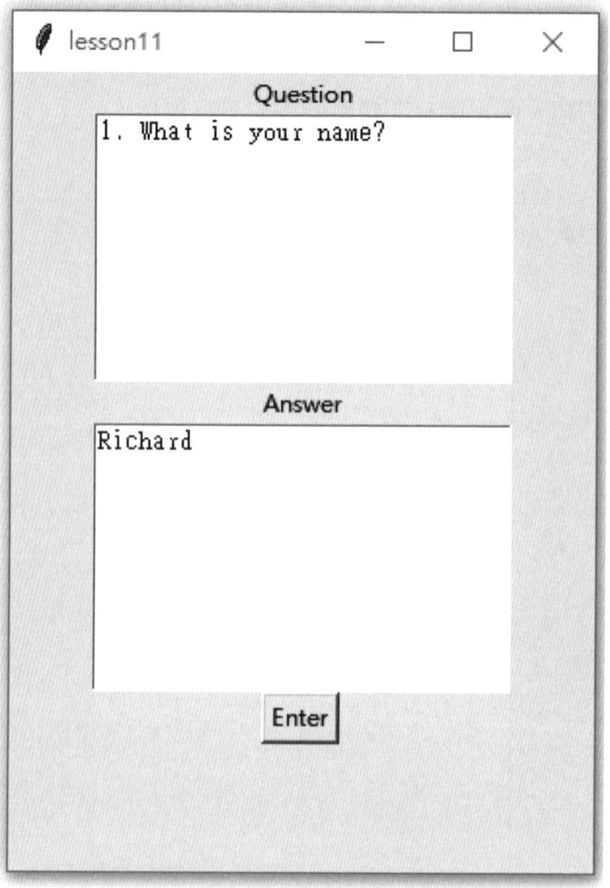

圖11-7　輸入第一題的答案

圖11-8 按下Enter後進入第二題

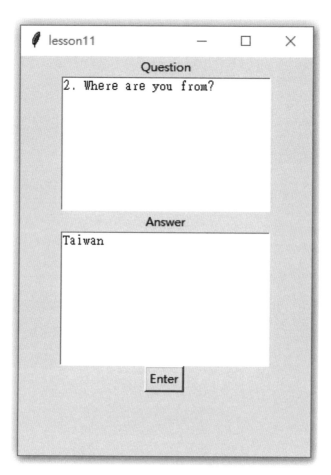

圖11-9　輸入第二題的答案

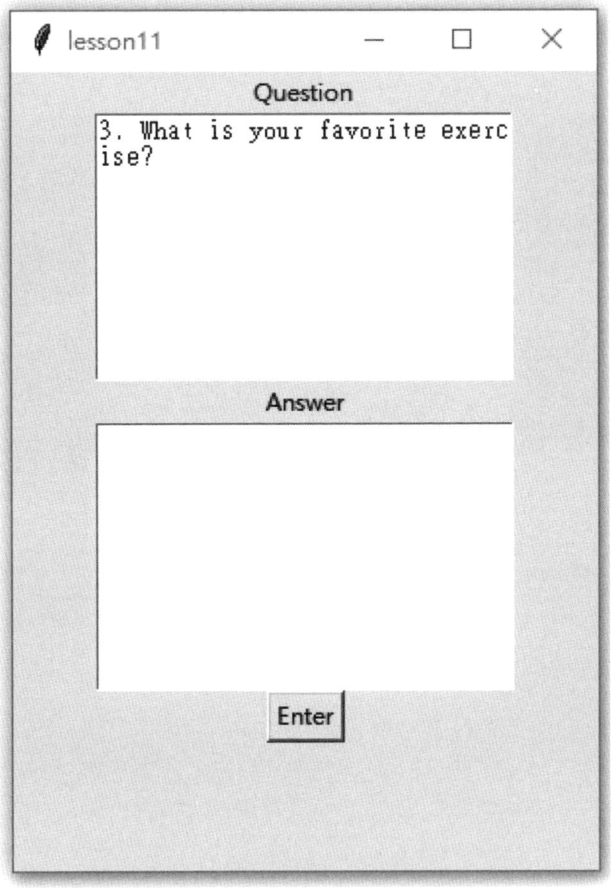

圖11-10　按下Enter後進入第三題

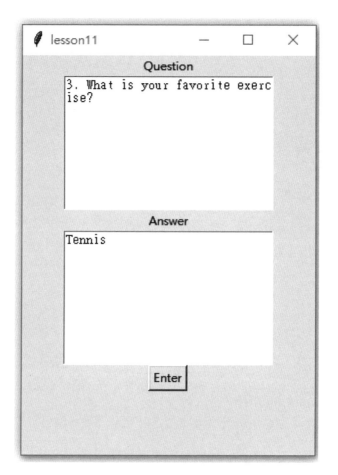

圖11-11　輸入第三題的答案

最後"Answers.txt"文字檔的內容：

1. What is your name?

   Richard

2. Where are you from?

   Taiwan

3. What is your favorite exercise?

   Tennis

例11-3 統計一篇文章中每個字母出現的次數

表11-3 例11-3的程式

```python
import tkinter as tk

window = tk.Tk()
window.title('lesson11')
window.geometry('600x700')

tk.Label(window, text='Article').pack()
article = tk.Text(window, height=20, width=60)
article.pack()

alphabet = 'abcdefghijklmnopqrstuvwxyz'

def hitme():
    count = [0 for i in range(len(alphabet))]
    content = article.get('1.0', tk.END)
    content = content.lower()
    for c in content:
        for i in range(len(alphabet)):
            if c == alphabet[i]:
                count[i] += 1
                break
    result.delete('1.0', tk.END)
    for i in range(len(alphabet)):
        result.insert(tk.END, alphabet[i] + ': ' + str(count[i]) + '\n')

tk.Button(window, text='Input', command=hitme).pack()
```

LESSON

11

```
tk.Label(window, text='Result').pack()
result = tk.Text(window, height=27, width=60)
result.pack()
```

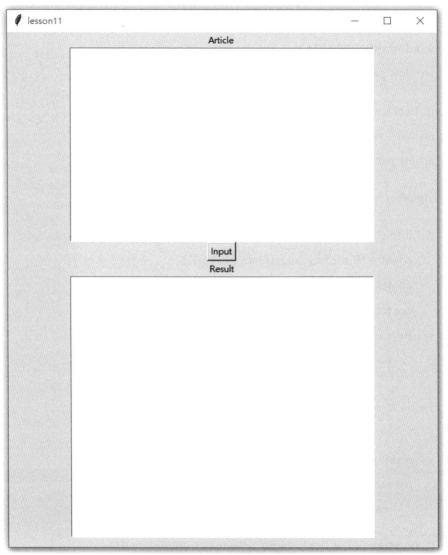

圖11-12　初始視窗

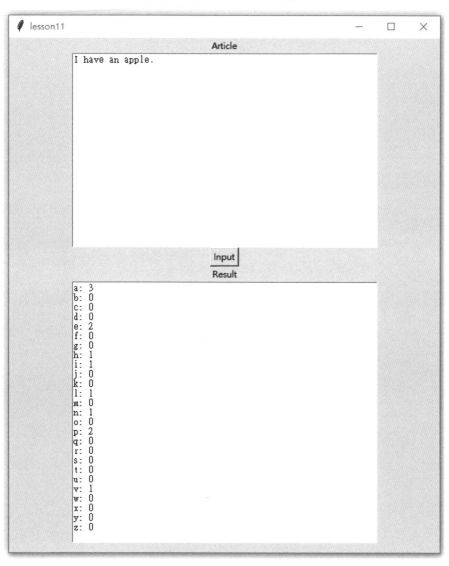

圖11-13　輸入一句話

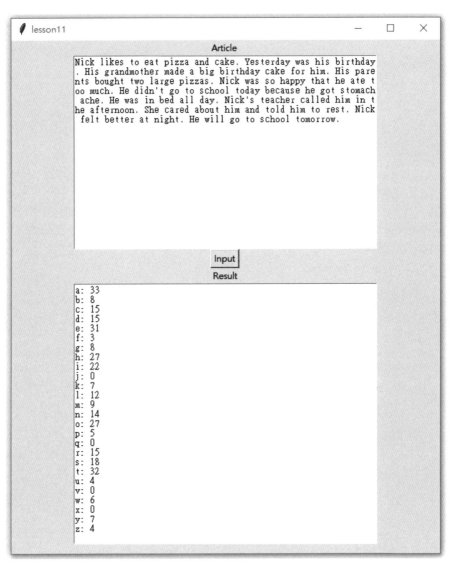

圖11-14 輸入一段話

檔案名稱（Ask File Name）

假設我們要寫一個Python程式，在程式中我們要打開一個檔案，我們必須要註明要開啟的是哪一個檔案。Askopenfilename是一個函式，我們的作業系統中有相當多的檔案，這些檔案都放在不同的資料夾中，Askopenfilename會顯示所有的資料夾，使用者可以點選任何一個在資料夾中的檔案。如果沒有這個功能，我們一定要在寫程式以前就要知道要開啟的檔案的名稱。現在不同了，我們在Python程式中可以不註明哪一個檔案，而是讓使用者選取。

Tktinker提供了一個名叫"filedialog"的函式集，這個函式集中又有很多函式，askopenfilename是其中一個。請看以下的指令：

filename = filedialog.askopenfilename(title = "Open File")

(1) 當我們執行askopenfilename這個指令時，會在螢幕上產生一個互動式的視窗。
(2) 在互動式視窗的左上角會出現title參數所定義的文字，在此我們將其設定為"Open File"字樣。
(3) Tkinter會連接上Windows的檔案系統，並顯示出windows內的資料夾。如下圖中紅框位置所示：

LESSON

12

　　以我們的例子來說，我們的程式在test資料夾中，如上圖藍框所示。如果我們要找的檔案也在test資料夾中，那就不需要去選任何資料夾，Tkinter已經自動到達正確的資料夾了。假如我們要選的檔案不在test資料夾中，那使用者就要從紅框中自行選擇正確的資料夾。

(4) 使用者可以利用滑鼠選擇任何一個已顯示的檔案。

例12-1　選擇並開啓檔案

表12-1　例12-1的程式

```
import tkinter as tk
import tkinter.filedialog as filedialog


window = tk.Tk()
window.title('lesson12')
```

```
window.geometry('600x600')

tk.Label(window, text='Article').pack()
article = tk.Text(window, height=40, width=80)
article.pack()

def hit_open():
    filename = filedialog.askopenfilename(title = "Open File")
    file = open(filename, 'r')
    content = file.read()
    article.delete('1.0', tk.END)
    article.insert(tk.END, content)
    file.close()


tk.Button(window, text='Open', command=hit_open).pack()
```

首先，請看以下的指令：

```
article = tk.Text(window, height=40, width=80)
```

這個指令建立了一個文字框，以供使用者顯示所開啓的檔案的內容。

這個程式也建立了一個叫做Open的button，一旦按了這個安鈕，就會啓動以下的程式：

```
def hit_open():
    filename = filedialog.askopenfilename(title = "Open File")
    file = open(filename, 'r')
```

```
content = file.read()
article.delete('1.0', tk.END)
article.insert(tk.END, content)
file.close()
```

以上程式的第一個指令會先在螢幕上顯示出本程式所在位置的檔案，假設本程式在桌面的test資料夾中，則視窗會如下圖所示：

使用者可以點擊任何一個所顯示的檔案，在此我們所選擇的是test1.txt，所以filename就是test1.txt。

接著執行第二個指令file = open(filename, 'r') 來開啟此檔案以進行讀取。

第三個指令將檔案內容取出存放在content中。

第四個指令將article文字框中的所有內容清除。

第五個指令將content中的內容存入aricle文字框中。

第六個指令將檔案關閉。

假設我們當時程式所在區域有三個檔案：test.py、test1.txt和test2.
txt。

圖12-1　起始圖

圖12-2　點擊了open按鈕

圖12-3　選擇了test1檔案

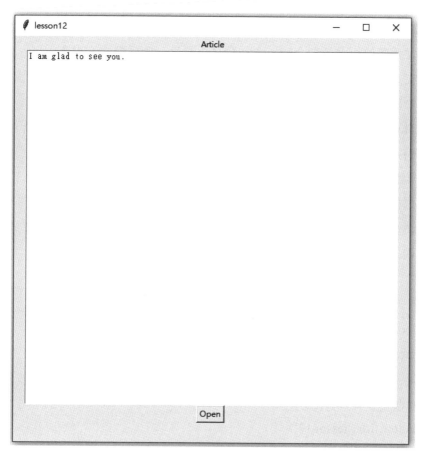

圖12-4　選擇了test2檔案

例12-2　儲存檔案

接下來我們介紹要如何用互動式視窗來儲存一個檔案。

我們同樣要使用到Tktinker所提供的"fieldialog"的函式集。請看以下的指令：

filename = filedialog.asksaveasfilename(title = "Save File")

(1) 當我們執行這個指令時，會在螢幕上產生一個互動式的視窗。
(2) 在互動式視窗的左上角會出現title參數所定義的文字，在此我們將其設定為"Save File"字樣。
(3) Tkinter會連接上Windows的檔案系統，並顯示本程式所在位置所有的檔案。
(4) 允許使用者利用滑鼠選擇任一個已經存在的檔案，儲存時會覆蓋掉所選擇的檔案。
(5) 使用者也可以不要選擇任一個已經存在的檔案，可以在互動式視窗中輸入一個新的檔案名稱，以儲存成一個新檔案。

表12-2　例12-2的程式

```
import tkinter as tk
import tkinter.filedialog as filedialog

window = tk.Tk()
window.title('lesson12')
window.geometry('600x600')

tk.Label(window, text='Article').pack()
article = tk.Text(window, height=40, width=80)
article.pack()

def hit_open():
    filename = filedialog.askopenfilename(title = "Open File")
    file = open(filename, 'r')
```

```
    content = file.read()
     article.delete('1.0', tk.END)
    article.insert(tk.END, content)
    file.close()


def hit_save():
    filename = filedialog.asksaveasfilename(title = "Save File")
    file = open(filename, 'w')
    content = article.get('1.0', tk.END)
    file.write(content)
    file.close()


tk.Button(window, text='Open', command=hit_open).pack()
tk.Button(window, text='Save', command=hit_save).pack()
```

　　這個程式中建立了一個叫做Save的button，一旦按了這個按鈕，就會啓動以下的程式：

```
    def hit_save():
        filename = filedialog.asksaveasfilename(title = "Save File")
        file = open(filename, 'w')
        content = article.get('1.0', tk.END)
        file.write(content)
         file.close()
```

　　以上程式的第一個指令會在螢幕上產生一個用來儲存檔案的互動式視窗。當使用者點擊了某一檔案或是自行輸入一個新檔案名稱按下確定之後，這個檔案名稱會被回傳到filename當中。

接著執行第二個指令file = open(filename, 'w') 來開啓此檔案以進行寫入。

第三個指令content = article.get('1.0', tk.END) 將article文字框的內容取出並存放在content中。

第四個指令將content中的內容寫入所開啓的檔案中。

第五個指令將檔案關閉。

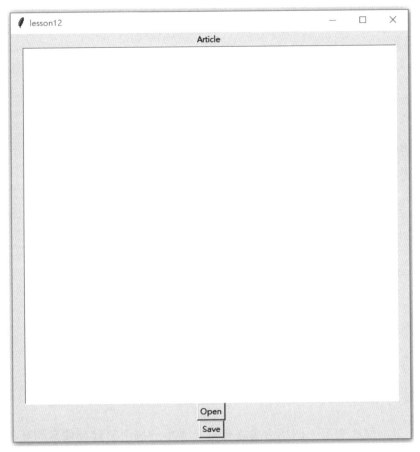

圖12-5　起始圖

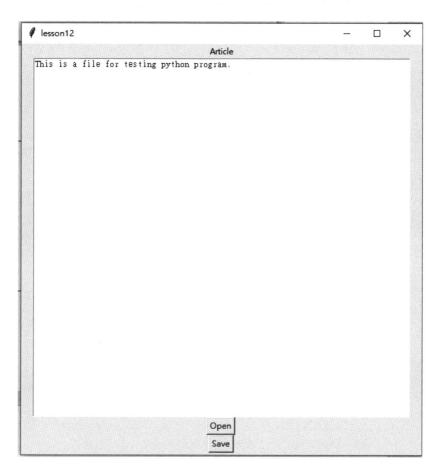

圖12-6　點擊了open，而且選擇了Test1檔案

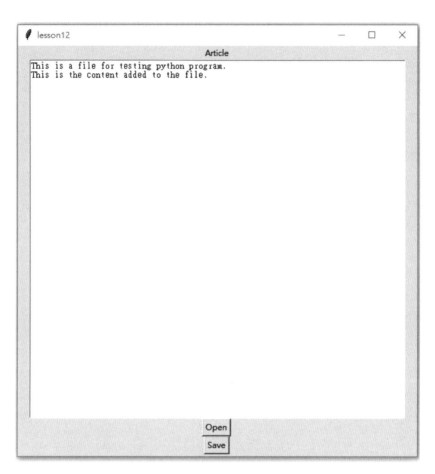

圖12-7　修改了Test1檔案

圖12-8　點擊Save按鈕，並存檔為test.txt

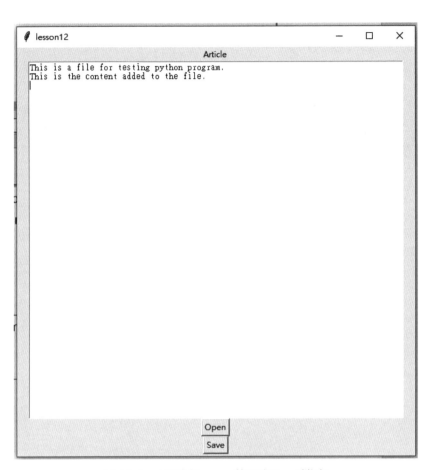

圖12-9　再點擊open後選擇test檔案

選單欄（Menu）

假設寫程式的人寫了很多函式，如第12課所講的open和save，以後要用這些函式，可以用Menu。Menu是Tkinter所提供的功能，其目的是要在視窗內建立一個選單欄，在後面的一個例子中，我們在選單欄中先建立一個子選單名為File，然後我們將Open及Save放入File中，以後使用者只要點擊Open及Save，就可以執行Open及Save函式。假設程式設計師寫了一個有關傅葉爾轉換的函式，他可以將這個函式放入Menu中，讓使用者可以呼叫這個函式。

例13-1　將開啓檔案（Open）和儲存檔案（Save）功能放在選單欄內

表13-1　例13-1的程式

```
import tkinter as tk
import tkinter.filedialog as filedialog


window = tk.Tk()
window.title('lesson13')
window.geometry('600x600')
```

```
menubar = tk.Menu(window)

x = tk.Menu(menubar)
menubar.add_cascade(label='File', menu=x)

def hit_open():
    filename = filedialog.askopenfilename(title = "Open File")
    file = open(filename, 'r')
    content = file.read()
    article.delete('1.0', tk.END)
    article.insert(tk.END, content)
    file.close()

def hit_save():
    filename = filedialog.asksaveasfilename(title = "Save File")
    file = open(filename, 'w')
    content = article.get('1.0', tk.END)
    file.write(content)
    file.close()

x.add_command(label='Open', command=hit_open)
x.add_command(label='Save', command=hit_save)

article = tk.Text(window, height=40, width=80)
article.pack()

window.config(menu=menubar)
```

首先我們用以下指令在視窗中建立一個主選單，稱為menubar：

menubar = tk.Menu(window)

menubar其實是一個row。

接下來我們要在menubar主選單中再建立一個叫做x的子選單，它在視窗上顯示的文字為File。這個子選單有button的功能，可以被使用者點擊。請看以下指令：

x = tk.Menu(menubar)
menubar.add_cascade(label='File', menu=x)

以上的指令會在視窗的左上角顯示File，當使用者用滑鼠點擊File後，會出現File中事先準備好的函式。我們用以下指令在File中放入了兩個函式。

x.add_command(label='Open', command=hit_open)
x.add_command(label='Save', command=hit_save)

以上指令在子選單x，也就是File中，新增了兩個函式，一個是Open，另一個是Save。

當使用者點擊這些函式時，就會啟動相關的程式碼。他們有關的command分別是hit_open和hit_save，在前一課我們已介紹過。

LESSON

13

圖13-1　起始圖

LESSON

13

圖13-2　點擊了File

圖13-3　點擊了Open

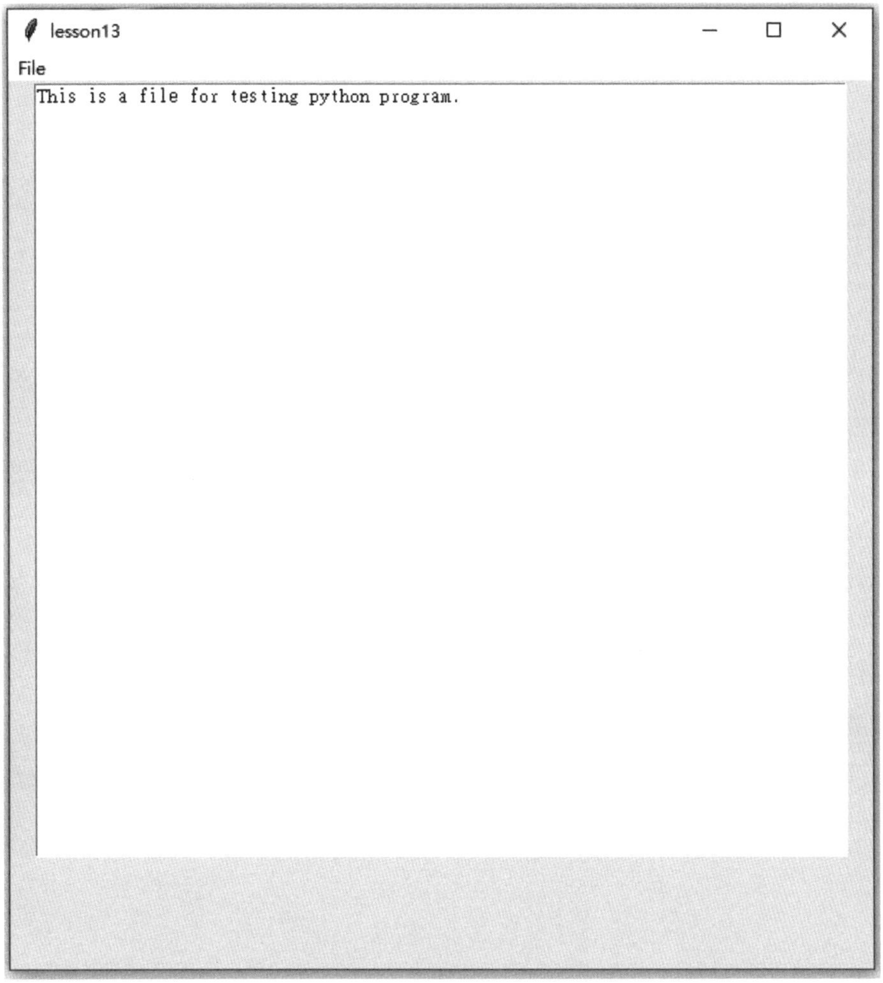

圖13-4　選擇了text1.txt.

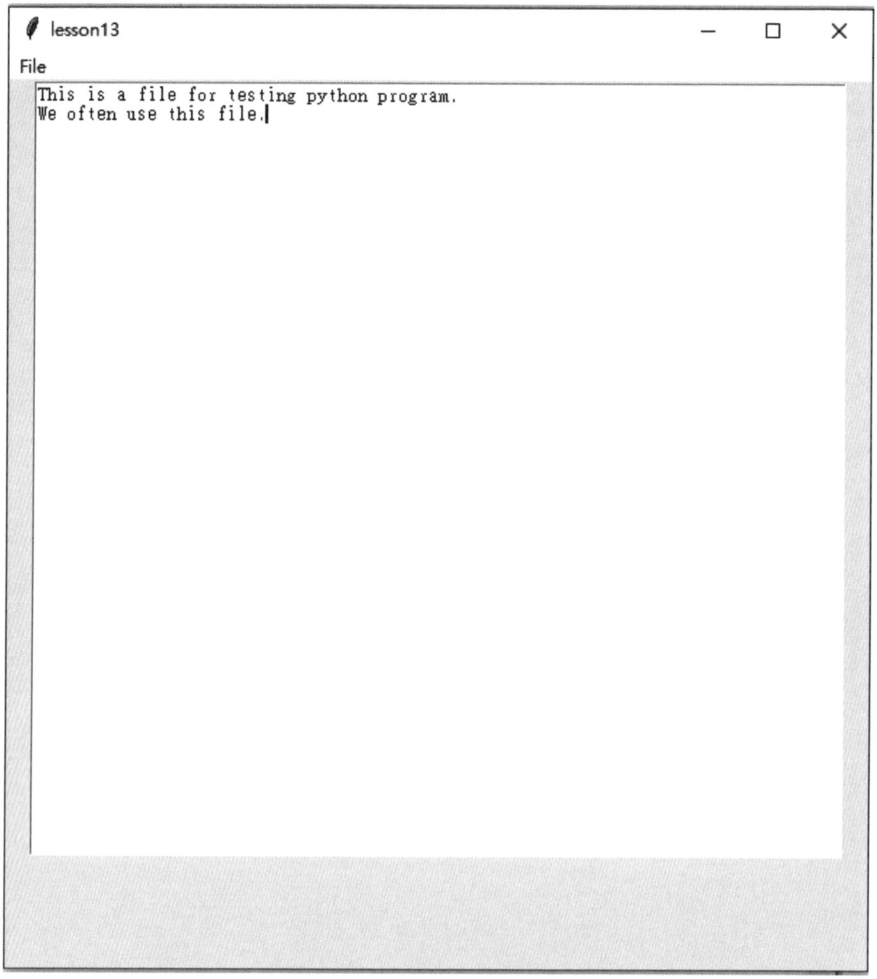

圖13-5　修改了Test1.txt.

圖13-6　點擊了File

圖13-7　點擊了Save，修改後的test1.txt以test3.txt的名字存檔.

例13-2　建立更多選單欄項目

表13-2　例13-2的程式

```
import tkinter as tk


window = tk.Tk()

window.title('lesson13')

window.geometry('300x500')


menubar = tk.Menu(window)


file = tk.Menu(menubar)
```

```
menubar.add_cascade(label ='File', menu = file)
file.add_command(label ='New File', command = None)
file.add_command(label ='Open', command = None)
file.add_command(label ='Save', command = None)
file.add_command(label ='Save As', command = None)
file.add_separator()
file.add_command(label ='Exit', command = window.destroy)


edit = tk.Menu(menubar, tearoff = 0)
menubar.add_cascade(label ='Edit', menu = edit)
edit.add_command(label ='Undo', command = None)
edit.add_command(label ='Redo', command = None)
edit.add_separator()
edit.add_command(label ='Cut', command = None)
edit.add_command(label ='Copy', command = None)
edit.add_command(label ='Paste', command = None)
edit.add_command(label ='Select All', command = None)
edit.add_separator()
edit.add_command(label ='Find', command = None)
edit.add_command(label ='Find Again', command = None)

window.config(menu = menubar)
```

　　雖然選單中顯示了很多的按鈕，正常來講，每一個按鈕要有一個相關的Command，但是這個程式僅僅是一個例子，我們沒有定義這些Command，所以使用者點擊以後不會有任何反應。

圖13-8　初始視窗

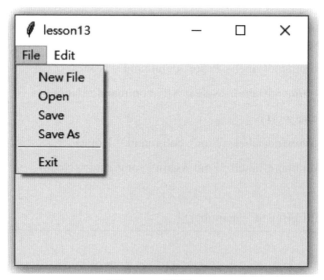

圖13-9　選擇File

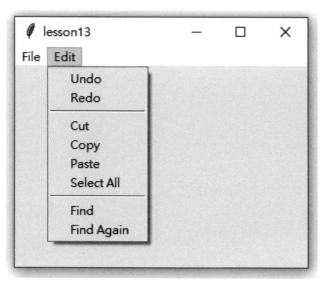

圖13-10　選擇Edit

訊息提示框（Messagebox）

在互動式視窗中，我們有時想要和使用者對話，透過在螢幕上跳出 Messagebox，我們可以讓使用者用滑鼠點擊按鈕的方式回答問題。

例14-1　點咖啡

以下的例子是我們用Tkinter來做一個咖啡店的點餐系統，點餐系統會先詢問客人要不要來杯咖啡，如果客人選擇要來杯咖啡，會接著詢問要不要加牛奶和糖，最後將客人選擇的結果顯示出來，並詢問客人是否正確。這個例子解釋了如何利用Messagebox來建構這個對話系統，這個例子的程式在表14-1。

表14-1　例14-1的程式

```
import tkinter as tk
import tkinter.messagebox


window = tk.Tk()
window.title('lesson14')
window.geometry('300x100')
```

```
def hitme():
    tk.messagebox.showinfo(title="Lee's Coffee", message="Good
morning! Welcome to this coffee shop!")
    coffee = tk.messagebox.askyesno(title="Lee's Coffee",
message="Would you like a cup of coffee?")
    if coffee is False:
        return
    milk = tk.messagebox.askyesno(title="Lee's Coffee", message="Do
you need milk?")
    sugar = tk.messagebox.askyesno(title="Lee's Coffee", message="Do
you need sugar?")

    result = "You've ordered a cup of coffee"
    if milk and sugar:
        result = result + " with milk and sugar"
    elif milk:
        result = result + " with milk"
    elif sugar:
        result = result + " with sugar"
    result = result + ". "
    result = result + "Is it correct?"

    answer = tk.messagebox.askyesnocancel(title="Lee's Coffee",
message=result)
    if answer is True:
```

```
        tk.messagebox.showinfo(title="Lee's Coffee", message="This is
your coffee.")
    elif answer is False:
        tk.messagebox.showinfo(title="Lee's Coffee", message="Sorry.
Please order again.")
    else:
        tk.messagebox.showinfo(title="Lee's Coffee",
message="Goodbye.")


tk.Label(window, text="Lee's Coffee").pack()
tk.Button(window, text='Start', command=hitme).pack()
```

LESSON

14

我們先用以下指令在程式中放入一個按鈕Start：

tk.Button(window, text='Start', command=hitme).pack()

當使用者按下Start時，會執行hitme函式中的程式碼。其中第一個指令是：

tk.messagebox.showinfo(title="Lee's Coffee", message="Good morning! Welcome to this coffee shop!")

messagebox是很多函式的集合，其中一個是showinfo函式，其功能如下：

(1) 在螢幕上會跳出一個訊息提示框，提示框內會顯示一段想要給使用者的訊息，這個訊息是事先準備好的，在此為"Good morning! Welcome to this coffee shop!"。

(2) 訊息提示框中有一個「確定」按鈕，當使用者按下確定按鈕後就繼續執行下一個指令。

```
coffee = tk.messagebox.askyesno(title="Lee's Coffee",
message="Would you like a cup of coffee?")
```

這個指令使用了askyesno函式，其功能如下：

(1) 在訊息提示框內顯示一段想要給使用者的訊息，這個訊息是"Would you like a cup of coffee?"。

(2) 訊息提示框中有一個「是（Y）」和一個「否（N）」按鈕，當使用者按下按鈕後，程式會紀錄使用者按了哪一個按鈕，並繼續執行下一個指令。

當使用者按下按鈕時，其結果會放入coffee中。如果使用者按下「是（Y）」按鈕，coffee = True。如果使用者按下「否（N）」按鈕，coffee = False。

之後我們根據使用者的回答來決定是否問其餘的問題，如果使用者不點咖啡，就沒有必要繼續問了。

剩下的兩個問題同樣用askyesno函式來實現，其指令如下：

```
milk = tk.messagebox.askyesno(title="Lee's Coffee", message="Do you
need milk?")
sugar = tk.messagebox.askyesno(title="Lee's Coffee", message="Do
you need sugar?")
```

最後我們用askyesnocancel函式將結果顯示給使用者，並詢問使用者的回答。Askyesnocancel和前面所使用的askyesno非常類似，但又多了第三個按鈕「取消」。

圖14-1　起始圖

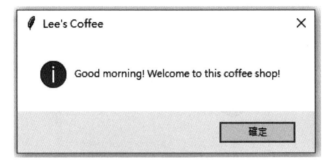

圖14-2　前一步按了Start

圖14-3　前一步按了確定

圖14-4　前一步按了是（Y）

圖14-5　前一步按了是（Y）

圖14-6　前一步按了否（N）以確認對話結果

圖14-7　結束對話

例14-2　常見的各種訊息提示框

　　Tkinter提供很多訊息提示框，寫程式的人只要將這些提示框寫進程式，Tkinter會產生適當的反應。

表14-2　例14-2的程式

```
import tkinter as tk
from tkinter import messagebox

messagebox.showinfo(title="Info", message="Information...")

messagebox.showwarning(title="Warning", message="Warning
message...")

messagebox.showerror(title="Error", message="Error message...")

messagebox.askyesno(title="Quit?", message="Are you sure you want to
quit?")
```

> messagebox.askyesnocancel(title="Save?", message="Do you want to save the changes?")
>
> messagebox.askokcancel(title="OK?", message="Do you want to submit the homework?")
>
> messagebox.askretrycancel(title="Retry?", message="The upload failed. Do you want to retry?")

圖14-8　顯示information

圖14-9 Warning message

圖14-10　Error message

圖14-11　問要不要繼續

圖14-12　問要不要儲存

LESSON

14

圖14-13　問要不要提交

圖14-14　問要不要重試

火車訂位（Train Ticket）

　　這一課介紹了一個火車購票系統，我們使用Combobox物件來讓顧客選擇要購買的車票，並且用Messagebox將結果顯示給顧客並詢問答覆，程式在表15-1。

表15-1　購票系統的程式

```
import tkinter as tk
import tkinter.ttk as ttk
import tkinter.messagebox

window = tk.Tk()
window.title('高鐵售票系統')
window.geometry('400x300')

var_from = tk.StringVar()
var_to = tk.StringVar()
var_month = tk.StringVar()
var_day = tk.StringVar()
var_hour = tk.StringVar()
var_minute = tk.StringVar()
```

```
tk.Label(window, text='起程站').grid(row=0, column=0)

ttk.Combobox(window, textvariable=var_from, value=['南港', '台北', '
板橋', '桃園', '新竹', '苗栗', '台中', '彰化', '雲林', '嘉義', '台南', '左營'],
width=6).grid(row=0, column=1)


tk.Label(window, text='到達站').grid(row=1, column=0)

ttk.Combobox(window, textvariable=var_to, value=['南港', '台北', '板橋', '
桃園', '新竹', '苗栗', '台中', '彰化', '雲林', '嘉義', '台南', '左營'], width=6).
grid(row=1, column=1)


tk.Label(window, text='去程日期').grid(row=2, column=0)

ttk.Combobox(window, textvariable=var_month, value=[str(x) for x in
range(1,13)], width=6).grid(row=2, column=1)

tk.Label(window, text='月').grid(row=2, column=2)

ttk.Combobox(window, textvariable=var_day, value=[str(x) for x in
range(1,32)], width=6).grid(row=2, column=3)

tk.Label(window, text='日').grid(row=2, column=4)


tk.Label(window, text='去程時刻').grid(row=3, column=0)

ttk.Combobox(window, textvariable=var_hour, value=[str(x) for x in
range(5,24)], width=6).grid(row=3, column=1)
```

```python
tk.Label(window, text='時').grid(row=3, column=2)

ttk.Combobox(window, textvariable=var_minute, value=['0', '15', '30', '45'], width=6).grid(row=3, column=3)

tk.Label(window, text='分').grid(row=3, column=4)

def hitme():
    info = "以下是您的訂票資訊：\n"
    info = info + "起程站：" + var_from.get() + "\n"
    info = info + "到達站：" + var_to.get() + "\n"
    info = info + "去程日期：" + var_month.get() + "月" + var_day.get() + "日" + "\n"
    info = info + "去程時刻：" + var_hour.get() + "時" + var_minute.get() + "分" + "\n"
    result = tk.messagebox.askyesno(title="訂票資訊", message=info)
    if result == True:
        tk.messagebox.showinfo(title="訂票資訊", message="訂票完成")
    else:
        tk.messagebox.showinfo(title="訂票資訊", message="訂票取消，請重新輸入")

tk.Button(window, text='訂票', command=hitme).grid(row=4, column=0)
```

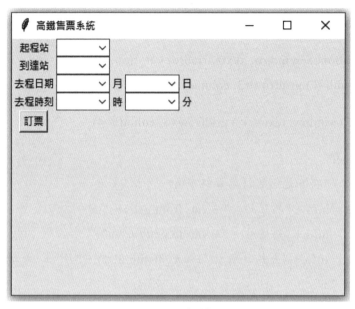

圖15-1　起始圖

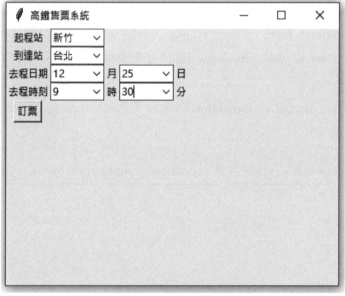

圖15-2　購票結果

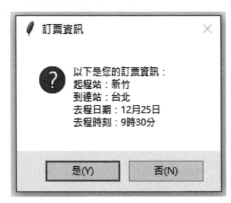

圖15-3　確認

圖15-4　結束

LESSON

16

會議室預約
（Meeting Room Booking）

這一課介紹一個會議室預約系統，我們使用了Label來顯示日期和時間資訊，並且用Checkbutton讓使用者勾選要預約的時間，程式在表16-1。

表16-1　第16課的程式

```
import tkinter as tk
import tkinter.ttk as ttk
import tkinter.messagebox

window = tk.Tk()
window.title('會議室預約系統')
window.geometry('550x300')

tk.Label(window, text='8:00', width=6).grid(row=0, column=1)
tk.Label(window, text='9:00', width=6).grid(row=0, column=2)
tk.Label(window, text='10:00', width=6).grid(row=0, column=3)
tk.Label(window, text='11:00', width=6).grid(row=0, column=4)
tk.Label(window, text='12:00', width=6).grid(row=0, column=5)
tk.Label(window, text='13:00', width=6).grid(row=0, column=6)
```

```
tk.Label(window, text='14:00', width=6).grid(row=0, column=7)

tk.Label(window, text='15:00', width=6).grid(row=0, column=8)

tk.Label(window, text='16:00', width=6).grid(row=0, column=9)

tk.Label(window, text='17:00', width=6).grid(row=0, column=10)

tk.Label(window, text='星期一').grid(row=1, column=0)

tk.Label(window, text='星期二').grid(row=2, column=0)

tk.Label(window, text='星期三').grid(row=3, column=0)

tk.Label(window, text='星期四').grid(row=4, column=0)

tk.Label(window, text='星期五').grid(row=5, column=0)

var = []
for i in range(5):
    var_row = []
    for j in range(10):
        var_row.append(tk.IntVar(0))
        tk.Checkbutton(window, variable=var_row[-1], onvalue=1,
offvalue=0).grid(row=i+1, column=j+1)
    var.append(var_row)

def hitme():
    for i in range(5):
        for j in range(10):
            if var[i][j].get() == 1:
                tk.Label(window, text='已預約').grid(row=i+1,
column=j+1)

tk.Button(window, text='預約', command=hitme).grid(row=6, column=0)
```

這個程式主要的工作是要提供以下的畫面

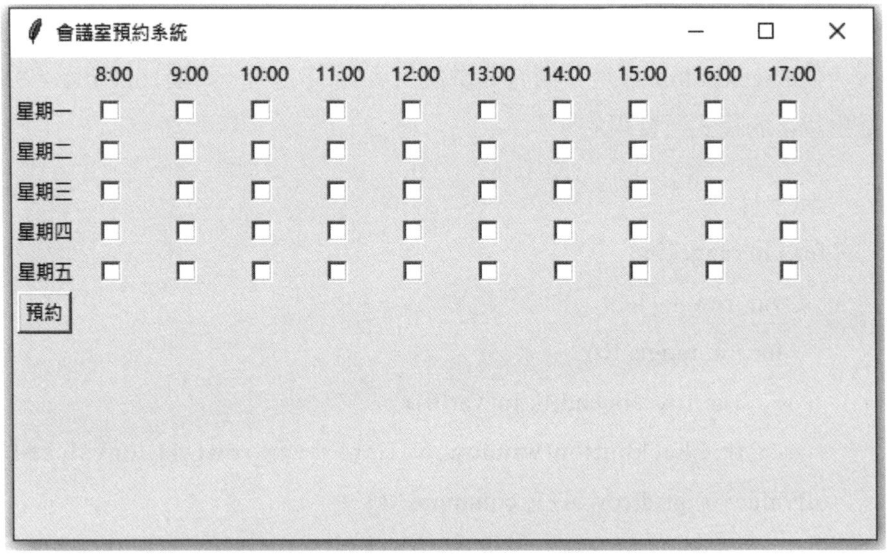

圖16-1 房間預約系統的視窗畫面

我們可以看到星期幾位於視窗的最左邊，這是由以下的指令做到的：

tk.Label(window, text='星期一').grid(row=1, column=0)

tk.Label(window, text='星期二').grid(row=2, column=0)

tk.Label(window, text='星期三').grid(row=3, column=0)

tk.Label(window, text='星期四').grid(row=4, column=0)

tk.Label(window, text='星期五').grid(row=5, column=0)

大家可以看到星期幾在每一個row的位置都是column 0，也就是最左邊的column。

我們也需要顯示時間的label，從左至右依序從8:00到17:00。我們將8:00放置於column 1，9:00在column 2，依此類推，最後是17:00在 Column 10。

接下來我們使用Checkbutton來讓使用者可以勾選想要預約的時間，每一個Checkbutton都是一個方塊供使用者打勾之用，如圖16-1所示，這是由以下的程式所實現的。

```
var = []
for i in range(5):
    var_row = []
    for j in range(10):
        var_row.append(tk.IntVar(0))
        tk.Checkbutton(window, variable=var_row[-1], onvalue=1,
offvalue=0).grid(row=i+1, column=j+1)
    var.append(var_row)
```

從圖16-1中，我們可以看到一個二維的陣列，這個二維陣列就是以上程式所建造的。現在我們解釋以上程式中的指令：

第一個指令是var = []。

以上的指令定義var是一個一維陣列，但是我們要的是一個二維陣列，這個二維陣列是由五個一維陣列所構成的。

程式中有一個for loop的指令：

for i in range(5)

在這個迴圈內首先我們有以下指令：

var_row = []

以上的指令是將var_row定義成一個一維陣列。

接下來是另一個for loop：

for j in range(10)

這個迴圈會使var_row裡面有10個變數，每個變數的初始值都是0，這是由以下的指令達成的。

var_row.append(tk.IntVar(0))

下一個指令是：

tk.Checkbutton(window, variable=var_row[-1], onvalue=1, offvalue=0).grid(row=i+1, column=j+1)

因為這個指令在for j in range(10)中，因此我們產生了10個checkbutton。如圖16-1所示。每一個checkbutton裡面有一個變數variable，每一個變數都連結上var_row內的變數。因為var_row內的變數都是0，所以每一個checkbutton的起始變數值是0。

這個指令最為重要，它在視窗中建立Checkbutton方塊並將它放到正確的位置。

for j in range(10) 迴圈完成後，代表一個row當中的Checkbutton已經都放置好了，我們就執行以下指令：

var.append(var_row)

以上的指令將才完成的10個Checkbutton加到var裡面，因為我們仍在for i in range(5)迴圈之內，所以我們最終會有一個5×10的二維陣列。

如此一來，圖16-1每一個方塊中的初始值都是0，方塊是一個checkbutton，如果使用者點擊了任何一個方塊，這個方塊的值就會變成1。

當使用者按下「預約」按鈕後，會執行hitme函式，並且將使用者有勾選的時段顯示為「已預約」。

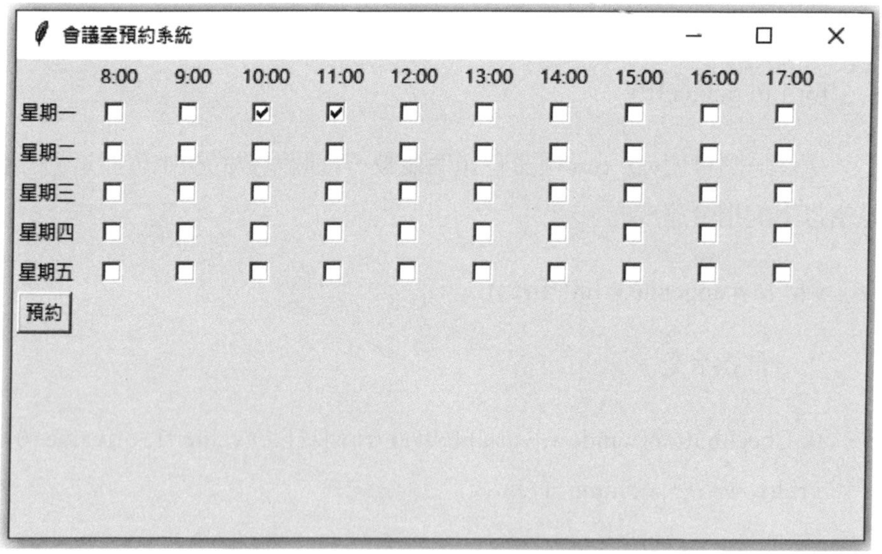

圖16-2　預約星期一10:00和11:00

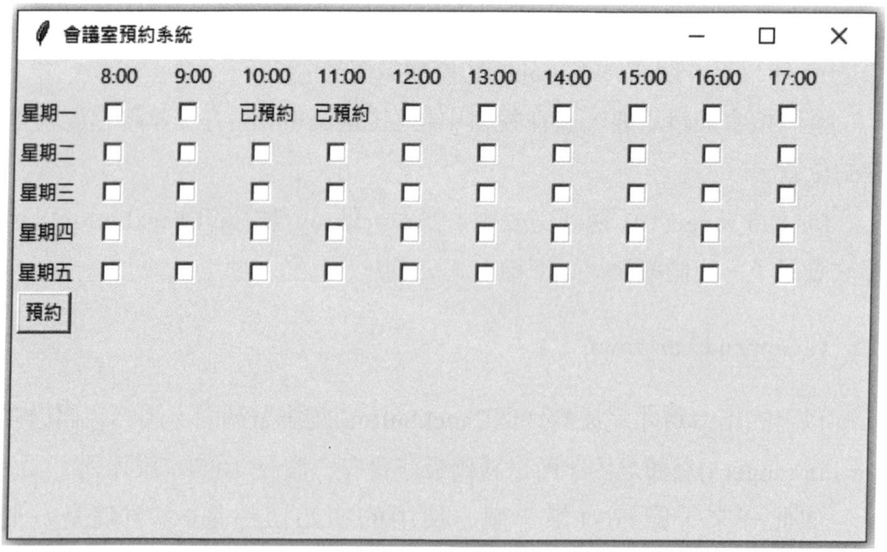

圖16-3　結束

Tkinter 指令集

視窗（**window**）第一課

import tkinter as tk

將tkinter導入爲tk ，此命令導入整個tktinker資料庫供我們使用，tk團此包含與創建視窗有關的一組函數和變量。

window = tk.Tk()

Tk是tk內的函式，可以用來建立視窗。

標籤（**label**）第二課

label = tk.Label(window, text='Hello', width=15, height=2)

label.pack()

建立label，內部可以放入文字或圖片

按鈕（**button**）第三課

button = tk.Button(window, text='Hit Me', width=10, height=3, command=hit_me)

button.pack()

點襲button以後，command就會執行。

輸入框（Entry）第四課

Entry可以讓使用者鍵入文字，事後可以比對或修改。

name_entry = tk.Entry(window)

name_entry.pack()

定義entry視窗name，以便儲存正確的名稱，將來可以比對是否正確.

核取方塊（Checkpoint）第五課

核取方塊可以使我們在視窗中放置一些選項，讓使用者可以勾選選項。

english_checkbutton = tk.Checkbutton(window, text='English',
command=select_en, variable=english_var, onvalue=1, offvalue=0)

english_checkbutton.pack()

單選按鈕（Radiobutton）第六課

單選按鈕和核取方塊相似，但只能選一個項目。

b1 = tk.Radiobutton(window, text="male", variable=x, value=1,
command=hitme)

b1.pack()

下拉式選單（Combobox）第七課

我們可以在視窗中建立一個區域，右側有一個箭頭可以讓使用者上下滑動，選取項目。

import tkinter as tk

import tkinter.ttk as ttk

box = ttk.Combobox(window, textvariable=var1, value=['C/C++', 'Python', 'Java'])

box.pack()

記事本（Notebook）第八課
記事本讓你將一組文字放入一個框架中，還可以創建一個包含多個框架視窗。
先要建立frame（框架），並給名字。

import tkinter as tk
import tkinter.ttk as ttk

tab1 = tk.Frame()
tab2 = tk.Frame()

notice.add(tab1, text='College')
notice.add(tab2, text='High School')

notice = ttk.Notebook(window)
將資科送入tab，最後進入notice,notice是由Notebook建立的視窗。
tk.Label(tab1, text='Registration Date for College').pack()
tk.Label(tab1, text='College 1: September 13').pack()
tk.Label(tab1, text='College 2: September 15').pack()

自訂值（Spinbox）第九課
Spinbox可以建立一個視窗，它的右側有兩個箭頭，可讓使用者向上和向下移動，會使數字增加或減少。

number = tk.Spinbox(window, from_=1, to=10, increment=1)
number.pack()

列表（Listbox）第十課

Listbox是Tkinter提供的一項功能，允許用戶將名稱輸入到一個視窗中。

fruits = tk.Listbox(window)

fruits.pack()

文字框（Text）第十一課

假如你已經寫一篇文章，並且想要公開它，可以使用"Text"顯示它。

tk.Label(window, text='Article').pack()

article = tk.Text(window, height=10, width=30)

article.pack()

檔案名稱（Ask File Name）第十二課

利用Askopenfilename這個函式，可以使我們在程式中點選我們所要的檔案。

tk.Label(window, text='Article').pack()

article = tk.Text(window, height=40, width=80)

article.pack()

選單欄（Menu）第十三課

利用Menu，我們可以在視窗中建立一個選單欄，使用者可以選取他所要用的指令。

menubar = tk.Menu(window)

x = tk.Menu(menubar)

menubar.add_cascade(label='File', menu=x)

國家圖書館出版品預行編目資料

Tkinter入門／李家同，侯冠維，周照庭編著.
-- 初版. -- 臺北市：五南圖書出版股份有
限公司，2023.05
面；　公分
ISBN 978-626-343-993-1(平裝)

1.CST: 電腦程式設計
2.CST: Python(電腦程式語言)

312.2　　　　　　　　　112004535

5R63

Tkinter入門

作　　　者 ― 李家同（92.3）、侯冠維（451.1）

　　　　　　　周照庭（105.9）

發 行 人 ― 楊榮川

總 經 理 ― 楊士清

總 編 輯 ― 楊秀麗

副總編輯 ― 王正華

責任編輯 ― 張維文

封面設計 ― 姚孝慈

出 版 者 ― 五南圖書出版股份有限公司

地　　　址：106台北市大安區和平東路二段339號4樓

電　　　話：(02)2705-5066　　傳　　　真：(02)2706-6100

網　　　址：https://www.wunan.com.tw

電子郵件：wunan@wunan.com.tw

劃撥帳號：01068953

戶　　　名：五南圖書出版股份有限公司

法律顧問　林勝安律師

出版日期　2023年5月初版一刷

定　　　價　新臺幣280元

※版權所有·欲利用本書內容，必須徵求本公司同意※

全新官方臉書

五南讀書趣

WUNAN
Books since1966

 **Facebook** 按讚

 1 秒變文青

★ 專業實用有趣
★ 搶先書籍開箱
★ 獨家優惠好康

 五南讀書趣 Wunan Books

不定期舉辦抽獎
贈書活動喔！！！

經典永恆・名著常在

五十週年的獻禮 —— 經典名著文庫

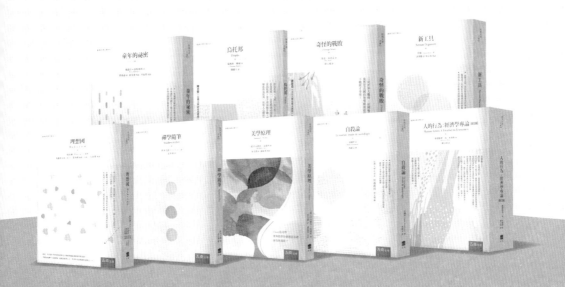

五南，五十年了，半個世紀，人生旅程的一大半，走過來了。

思索著，邁向百年的未來歷程，能為知識界、文化學術界作些什麼？

在速食文化的生態下，有什麼值得讓人雋永品味的？

歷代經典・當今名著，經過時間的洗禮，千錘百鍊，流傳至今，光芒耀人；

不僅使我們能領悟前人的智慧，同時也增深加廣我們思考的深度與視野。

我們決心投入巨資，有計畫的系統梳選，成立「經典名著文庫」，

希望收入古今中外思想性的、充滿睿智與獨見的經典、名著。

這是一項理想性的、永續性的巨大出版工程。

不在意讀者的眾寡，只考慮它的學術價值，力求完整展現先哲思想的軌跡；

為知識界開啟一片智慧之窗，營造一座百花綻放的世界文明公園，

任君遨遊、取菁吸蜜、嘉惠學子！